Wolfgang Eberts

Bambous

Des variétés pour l'appartement, le balcon, la terrasse et le jardin

Les conseils d'un spécialiste pour l'achat, l'entretien et la multiplication

Photos en couleurs
Illustrations : Ushie Dorner
Collection dirigée par Patrick Mioulane

HACHETTE

PREFACE SOMMAIRE

Les bambous sont promis à un bel avenir. Le cercle des amateurs de cette plante d'Extrême-Orient croît aussi rapidement que le font ses chaumes au printemps. Ce guide entièrement en couleurs vous introduit dans le monde merveilleux de cette herbe géante, qui reste toujours verte et qui apporte un charme particulier à nos jardins et à nos intérieurs.
Ce livre présente la plante aux néophytes, explique les soins qu'elle requiert et apporte aux amateurs de bambous des informations précieuses. Les illustrations détaillées en couleurs vous permettent de faire rapidement connaissance avec votre plante, de réussir la plantation et la multiplication.
L'auteur, propriétaire de la plus grande bambouseraie d'Allemagne, montre comment cette herbe exotique s'acclimate bien chez nous - dans les jardins, sur les terrasses, les balcons et à l'intérieur de la maison. Il a contribué à remettre cette plante ornementale au goût du jour, il y a dix ans. Dans sa bambouseraie de Baden-Baden, il cultive une quarantaine d'espèces de bambous. Son expérience vous est communiquée dans ce livre, sous forme de conseils pour l'achat, de descriptions des espèces, d'indications pour les soins et la plantation, de suggestions ornementales. Les possibilités décoratives de ces plantes élégantes vous surprendront !
L'auteur et l'équipe de la rédaction souhaitent que cet ouvrage développe votre passion pour les bambous.

Tout savoir sur les bambous 4

Les bambous, une herbe à records
Les origines du bambou 4
D'où vient son nom ? 4
Notions de botanique 6
Racines et rhizomes 6
Le chaume 6
Les feuilles 7
La pousse 7
Les fleurs 7
L'étonnant processus de croissance des bambous 8
Taille et rythme de croissance 8
Les feuilles, toujours vertes 8
Les branches 8
L'énigme des fleurs 8
Les graines 8
Comparaison des feuilles 9

Phyllostachys pubescens.

Les chaumes : cartes de visite de nombreuses espèces 10

LES BAMBOUS DANS L'HISTOIRE ET LA CULTURE 12

Chaque bosquet de bambous abrite tout un orchestre
L'histoire des bambous 12
Les bambous dans l'art et la religion 12
Les propriétés thérapeutiques des bambous 12
Les bambous comme matériaux de construction 12
Objets célèbres en bambous 13
Bambous et gastronomie 14
Comment accommoder les pousses de bambous ? 14
Importance écologique et économique 14
Les amateurs de bambous dans le monde 15
Une bambouseraie en Europe 15

Achat, plantation, soins et multiplication 16
Un bambou prospère là où pousse un cerisier
Avant l'achat 16
Particularités de croissance, emplacement et soins 16
La résistance au froid 16
La taille atteinte 16
Où acheter des bambous ? 16
Précautions au moment de l'achat 16
Le transport 16
Le meilleur moment pour planter 18
L'emplacement idéal 18
Les bons emplacements 18
Les emplacements qui conviennent moins bien 18
Les qualités indispensables du sol 18
Comment amender le sol ? 18
L'arrosage 18
L'engrais 19
Bambous : fiche pratique 20
Les planter 20
Les méthodes de multiplication les plus répandues 21
La multiplication par division des rhizomes 21
La multiplication par division des touffes 21
Les bambous en pots 22
Les transplanter 22
Bien les tailler 23
Les éclaircir 23
Taille à ras 23
Taille de maintien 23
Les protéger pendant l'hiver 23

Chaumes de bambous - une étonnante diversité.

La multiplication des bambous 23
Parasites et maladies 23
Les dommages causés par le froid 23

Décorer avec des bambous 24
Une touche d'Extrême-Orient dans la maison et le jardin
Conseils de décoration 24

Le panda vit de bambous.

Les bambous dans le jardin 24
Les bambous à l'intérieur 26
Les bambous en jardin d'hiver 26
Les bambous sur les terrasses 27
Les bambous sur le balcon et sur les toits-terrasses 27
Les bambous en hydroculture 27
Les bambous traités en bonsaï 27
Les bambous au salon
Les bambous de jardins d'hiver
Les bambous de terrasse, de balcon 27
Les bambous qui peuvent être traités en bonsaï 27
Les bambous : une oasis sur le balcon 28

Les plus beaux bambous d'intérieur et de jardin 30
Toujours verts, élégants et variés
Explication des termes utilisés 30
Un bambou facile à vivre 30
Arundinaria 31
Bambusa 31-32
Chimonobambusa 33
Chusquea 33
Fargesia (Sinarundinaria) 34
Hibanobambusa 35
Otatea 35
Phyllostachys 36
Pleioblastus 38
Pseudosasa 39
Sasælla 39
Sasa 40
Semiarundinaria 42
Shibatæa 42
Thamnocalamus 43

ADRESSES
BIBLIOGRAPHIE 44

INDEX 46

Wolfgang Ebert, spécialiste des bambous de renommée internationale, possède la plus grande bambouseraie d'Allemagne.

L'auteur et l'éditeur remercient tous ceux qui ont participé à la rédaction de cet ouvrage, en particulier Dieter Ohrnberger pour sa contribution scientifique, Jürgen Stork et tous les autres photographes pour leurs magnifiques prises de vues, ainsi que l'illustratrice Ushie Dorner.

Photos de la couverture :
Couverture : *Phyllostachys aureosulcata* "Spectabilis"
Deuxième de couverture : *Sasa veitchi*
Troisième de couverture : *Fargesia murielæ (Sinarundinaria murielæ)*
Dos de la couverture : *Phyllostachys aurea* "Albovariegata" et *Phyllostachys nigra.*

Les bambous, une herbe à records

Les tiges peuvent pousser de 1 m en 24 heures et atteindre 40 m de haut en quelques mois ; elles allient la solidité d'un arbre à la flexibilité d'un jonc. Les fleurs n'apparaissent que tous les dix ans, voire tous les cent vingt ans et les feuilles ont la finesse des poils de pinceau.

Les bambous ne sont ni des arbres, ni des arbustes, mais des herbes. Ils sont étroitement apparentés aux plantes qui constituent notre gazon et à toutes les céréales.
Les botanistes appellent la famille des herbes Graminées (ou Poacées) et ont créé un sous-groupe pour le bambou : *Bambusoideæ*. Les particularités des bambous tiennent à leurs chaumes lignifiés dont la longévité s'étend sur plusieurs années et dont les branches portent des feuilles attachées à des ramuscules. Le chaume de certaines espèces tropicales ne subit pas de lignification. A l'heure actuelle, environ 100 espèces et plus de 1 000 variétés ont été recensées.

Les origines du bambou
La Chine est sa patrie puis il a colonisé le Japon, il y a plusieurs millénaires. On trouve la plupart des espèces en Asie - Chine, Japon, Corée, Philippines, Indonésie et dans le sous-continent indien. Certaines espèces prospèrent en Amérique centrale et en Amérique du Sud, entre le Mexique et la Terre de Feu. On rencontre également des bambous en Afrique et en Australie. En Europe, le bambou n'est pas une plante indigène, il a été acclimaté. Mais des fossiles qui datent de l'ère tertiaire attestent qu'il s'est développé sur notre continent avant les glaciations. Toutes les espèces qui poussent maintenant en Europe ont été importées, il y a déjà 200 ans pour les plus anciennes.
En 1878, un premier ouvrage est publié sur les bambous en France. Les auteurs, Auguste et Charles Rivière, y décrivaient la structure et les particularités de croissance des bambous. En 1906, le botaniste Houzeau de Lehaie fonda un journal *Le bambou*. En 1913, une autre monographie importante parut. Puis l'intérêt pour les bambous déclina.
Le plus grand nombre des bambous acclimatés en Europe sont originaires du centre de la Chine ou du Japon.
Les espèces de bambous introduites ces dernières années proviennent en général de Chine.
L'aire de répartition des bambous est pour l'essentiel constituée d'une large ceinture entre le 40e degré sud et le 40e degré nord de latitude, c'est-à-dire dans des régions tropicales et subtropicales. La plupart d'entre eux poussent entre le 18e et le 35e degré de latitude nord, et entre le 85e et le 122e degré de longitude est. Néanmoins, un grand nombre d'entre eux sont cultivés dans des régions tempérées chaudes ou fraîches et même en forêt jusqu'à des altitudes de 3000 m. Au sud du Chili, on trouve l'espèce *Chusquea culeou* jusqu'au 47e degré de latitude sud, quelques espèces de *Sasa* poussent au nord du 45e degré de latitude sud, sur les îles Kouriles et sur la presqu'île de Sakhaline.
En Amérique, *Arundinaria gigantea* est une espèce indigène qui prospère dans les états du sud et du sud-ouest des Etats-Unis, aux bords des cours d'eau et même dans les terrains marécageux - fait inhabituel pour les bambous.

D'où vient son nom
Il est d'origine malaise. Les indigènes qui accompagnaient Marco Polo dans les îles Philippines firent un feu de camp dans lequel ils brûlèrent de plus en plus de chaumes de bambous au cours de la nuit, afin d'éloigner les animaux sauvages et les esprits malfaisants. Lors de la combustion, l'air contenu à l'intérieur des tiges creuses se dilata, et fit entendre un claquement assourdissant : bam bouh ! Cette onomatopée a donné le nom anglais de la plante : bamboo.

Splendeur des tropiques
Bambous et palmiers à troncs rouges dans le jardin botanique de Singapour. ▷

NOTIONS DE BOTANIQUE

Racines et rhizomes

En plus des racines, le bambou possède des rhizomes ou tiges souterraines. Les bambous se divisent en deux groupes, selon le mode de croissance :

Bambous cespiteux ou en touffes (illustration en bas, à gauche). Leurs rhizomes sont épais, solides : les spécialistes les appellent pachymorphes (*pachys* : gros, *morphe* : forme). Ils sont souvent plus épais que le chaume à partir duquel ils se développent. Les nouveaux rhizomes se développent aux côtés des anciens, et forment ainsi un réseau qui peut être très dense.

En surface, ces bambous donnent rapidement un gros buisson épais, une touffe. La plupart des bambous tropicaux, utilisés en intérieur ou en jardin d'hiver, appartiennent à cette catégorie. Par exemple, *Bambusa glaucescens* et des variétés comme *Bambusa vulgaris* "Striata". Ce groupe comprend également des espèces très répandues plantées à l'extérieur comme *Fargesia (Sinarundinaria) murielæ et Fargesia (Sinarundinaria) nitida.*

Bambous traçants (illustration en bas, à droite). Leurs rhizomes poussent horizontalement, en s'éloignant du centre de la plante. Ils sont longs, minces et pour cela appelés *leptomorphes* (leptos : mince, morphe : forme). Au fil des ans, ils forment une petite haie. La plupart des espèces plantées dans les jardins appartiennent à cette catégorie, par exemple *Phyllostachys* et des genres comme *Semiarundinaria, Sasa* et *Pleioblastus.*

L'utilité des rhizomes. Dès que le chaume et les feuilles sont formés, le bambou poursuit son activité sous terre. Les rhizomes poussent, se multiplient et développent, avec beaucoup de vitalité, des bourgeons dirigés vers le haut qui deviendront les chaumes. Les rhizomes servent aussi de réserves alimentaires à la plante. Lorsque le bourgeon extérieur est sorti (ce qui se produit en général au mois d'août), les substances nutritives sont emmagasinées et conservées pendant les mois d'hiver.

Le bambou les utilise afin de poursuivre sa croissance au printemps.

Le chaume

(illustration page 7 et photos en pages 10 et 11)

Les botanistes différencient les différentes espèces de bambous par leur tige, appelée "chaume". Certains chaumes mesurent à peine quelques centimètres, d'autres plusieurs mètres ; il en est qui ont l'épaisseur d'un tronc d'arbre, d'autres la minceur d'un roseau. Leur couleur peut être verte, jaune, noire, rougeâtre, unie, tachetée ou rayée.

La tige, plus exactement le chaume, est creuse, à de rares exceptions près, et segmentée par des nœuds. La distance entre ces nœuds est appelée l'entre-nœud. Beaucoup d'espèces présentent le long de l'entre-nœud une rainure verticale ou une surface aplatie *(Sulcus)* qui peut avoir une couleur différente.

Les espèces américaines *Chusquea* ont un chaume plein. L'épaisseur des parois du chaume varie d'une espèce à l'autre.

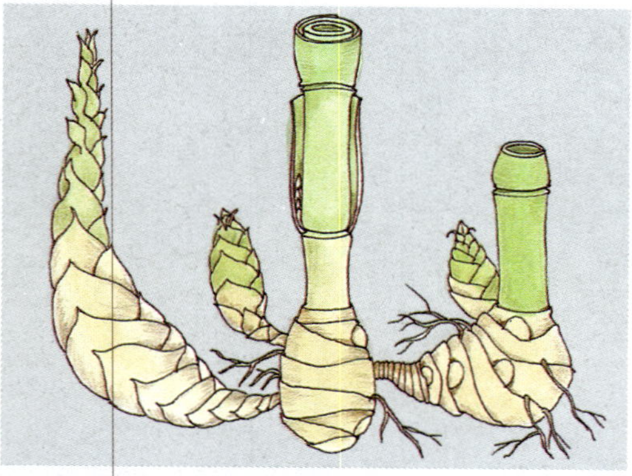

Bambous cespiteux ou en touffes, aux rhizomes courts, épais, qui forment rapidement un buisson fourni.

Bambous traçants aux rhizomes longs et minces, qui forment au fil des ans une petite haie.

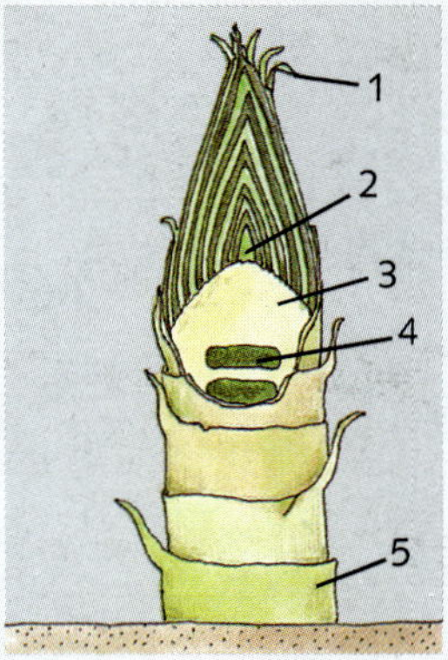

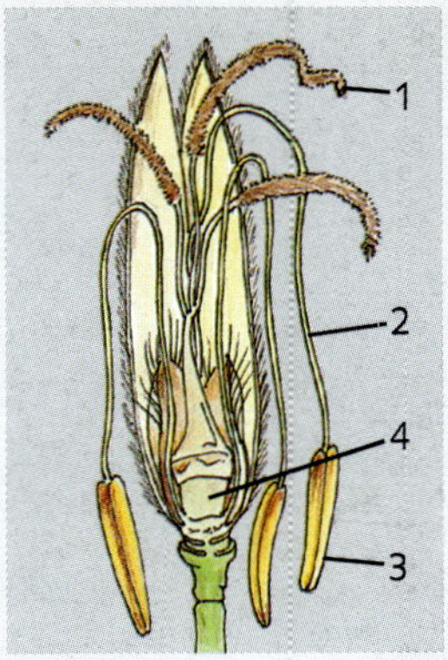

Caractéristiques des chaumes de bambous.
1. languette, 2. cil auriculaire, 3. oreillette, 4. gaine, 5. bourgeon, 6. branche, 7. ramuscule, 8. feuille.

La pousse de bambou grandit à un rythme rapide.

La fleur de bambou ressemble aux fleurs des herbes ordinaires.

Les chaumes de bambous sont utilisés comme bois, mais leurs fibres longues de 3 à 4 cm ne comportent que peu de lignine. Ces fibres sont essentiellement constituées d'acide silicique, qui confère au chaume sa résistance.

Les feuilles
(photo page 9)
Elles ont en général une forme allongée, lancéolée, arrondie à la base, effilée au sommet. Largeur et couleur varient d'une espèce à l'autre. Il existe également des variantes blanc-vert ou vertes veinées de jaune.
La feuille de bambou a un limbe. La plupart des autres herbes n'ont pas ces ramuscules qui permettent à la plante de se tourner ou de s'enrouler sur le côté en cas de mauvais temps. Ce détail est important pour une plante dont le feuillage reste persistant toute l'année. De plus, la feuille est dotée de nervures transversales et longitudinales. Plus les nervures transversales sont épaisses, plus la feuille résiste au froid. Le feuillage des bambous est toujours plus opulent au printemps.

La pousse
(illustration en haut, au centre)
Elle sort de terre avec sa forme définitive, s'étire ensuite à la manière d'une canne télescopique et contient déjà tous les éléments du chaume qui atteindra une taille impressionnante. L'illustration représente :
1 le limbe
2 le point de croissance
3 la zone génératrice
4 l'ébauche de l'entre-nœud
5 la gaine

Les fleurs
(illustration en haut, à droite, et photo en page 4)
Elles apparaissent rarement et sont discrètes. L'illustration représente :
1 le stigmate, partie femelle de la fleur. Il a la forme d'une plume, comme chez toutes les plantes anémophiles
2 le filament
3 l'anthère, partie mâle de la fleur
4 l'ovaire, partie femelle de la fleur. Si la fécondation réussit, il produira des graines.

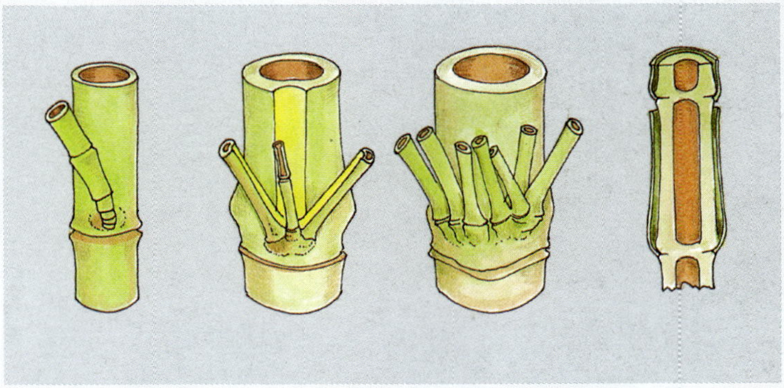

Chaumes à une seule branche (Sasa), *à trois branches,* (Phyllostachys), *et à plusieurs branches* (Fargesia, Arundinaria).
A droite : vue en coupe d'un chaume.

L'étonnant processus de croissance des bambous

Les bambous présentent une grande diversité d'apparence. Ils peuvent avoir l'aspect d'un arbre, d'un buisson ou d'une petite herbe. Ils peuvent ramper, pendre, s'enrouler autour des arbres à la manière de beaucoup d'espèces tropicales et pousser très très vite.
Taille et rythme de croissance. Un exemple, celui du *Phyllostachys pubescens*, une espèce originaire de la Chine. Il sort de terre avec un diamètre équivalent à celui d'un tuyau de poêle, grandit de deux mètres durant le premier mois. Le chaume est tout d'abord rentré à la manière d'une canne télescopique. Le mois suivant, ce "tuyau" s'étire, telle une antenne d'autoradio, pour atteindre une hauteur de 20 mètres et parfois davantage ! Le diamètre du chaume est déterminé dès le début ; il oscille entre 35 et 50 cm. La hampe a un port bien droit, oscille un peu dans le vent et ne ploie pas. Dès que le chaume nu a terminé sa croissance, il déploie ses branches et développe des feuilles. (Chez plusieurs espèces cela se produit pendant la croissance de la plante, page 6).
Un chaume de bambou atteint sa taille adulte en quelques mois seulement, comme toutes les herbes. Cette taille varie de la hauteur d'une main à 40 m. Les chaumes ont une longévité de dix ans en général. Chaque année, le feuillage s'épaissit davantage.

Les feuilles, toujours vertes

Les feuilles produisent les substances nutritives par photosynthèse. Ces substances sont transportées dans le maillage souterrain du rhizome : elles insufflent à la plante la vitalité nécessaire pour une bonne croissance. Les feuilles restent vertes, même durant nos hivers, à condition qu'ils ne soient pas trop rigoureux ; ce qui fait des bambous des plantes ornementales de jardin particulièrement intéressantes.

Les branches

De nombreuses espèces les forment pendant la croissance du chaume, c'est le cas du *Phyllostachys* et du *Semiarundinaria*. Parfois, elles apparaissent lorsque le chaume a atteint sa hauteur définitive.
Certaines espèces forment une branche par nœud, d'autres 2, un troisième groupe en forme 3 à 6. Le *Fargesia* présente beaucoup de petites branches fines, les feuilles de nombreuses espèces de *Chusquea* forment une véritable couronne. Sur les branches s'attachent les feuilles, ainsi que les bourgeons qui donneront de nouvelles ramifications l'année suivante.

L'énigme des fleurs

Les fleurs de bambous constituent encore une énigme pour les botanistes : ils ignorent ce qui provoque la floraison, et pourquoi certaines espèces fleurissent brutalement en divers points du globe après 10, 20, 80 ans ou même seulement au bout de plus d'un siècle.
La classification moderne des plantes, établie par Linné, se base sur les caractéristiques des fleurs : la floraison capricieuse des bambous rend le travail des scientifiques difficile. David Farrelly, spécialiste américain reconnu, estime que des observations comparées faites au Japon n'ont pas donné de résultat satisfaisant. La fleur ne dépend ni de l'âge ni de la taille du réseau des racines ni de l'épaisseur du tronc. L'emplacement, le sol, le climat ou les particularités locales n'exercent aucune influence. Par contre, les botanistes ont constaté, en Inde, que certains changements physiologiques comme la coupe, les blessures et une longue période de chaleur, stimulent la floraison. De nombreuses autres observations infirment ces constatations.
Peut-être la science ne percera-t-elle jamais ce mystère. A la différence de nombreuses plantes, la fleur des bambous n'est pas une apparition réjouissante. Les espèces sont épuisées par la floraison et en meurent. Les pandas, qui se nourrissent essentiellement de bambous, sont alors menacés de famine, voire d'extinction. Chez nous, il fut récemment possible d'observer le phénomène de la floraison chez le *Pseudosasa japonica* ; tous les specimens plantés fleurirent en même temps et beaucoup moururent. La fleur des bambous n'attire pas l'attention, comme celle des herbes et des céréales (photo, page 4). Elle forme des épis, et après pollinisation par le vent des semences qui ressemblent à des grains d'avoine et dont le pouvoir germinatif est très bref.

Les graines

Elles se ressemblent dans leur aspect, à l'exception de celles du *Melocanna baccifera*. Cette espèce imposante, originaire du Bengale et de Birmanie, forme des semences qui ont la forme d'un avocat et commencent à germer alors qu'elles sont encore accrochées aux branches. Les graines des autres espèces tombent au sol et se répandent au-dessus des racines. Elles y restent jusqu'à ce que les circonstances soient favorables à la germination. Les semis peuvent atteindre jusqu'à 30 cm de haut selon les espèces. Le *Melocanna baccifera* constitue de nouveau une exception : à Porto Rico, on a observé des specimens qui mesuraient 2 m de haut.

Les différentes feuilles : diversité des formes, des tons de vert et d'élégantes veinures jaunes.

Comparaison des feuilles

La comparaison des feuilles rend leur différence perceptible. Les feuilles panachées sont particulièrement séduisantes ; les lignes blanches sont dépourvues de cholorophylle. Les bambous à feuillage marginé doivent être placés en des lieux plus clairs que les bambous à feuillage vert uni ; la surface verte plus réduite (celle qui contient de la chlorophylle) entraîne une assimilation moindre pour la plante. Les feuilles représentées sur la photo appartiennent aux espèces ou variétés suivantes :

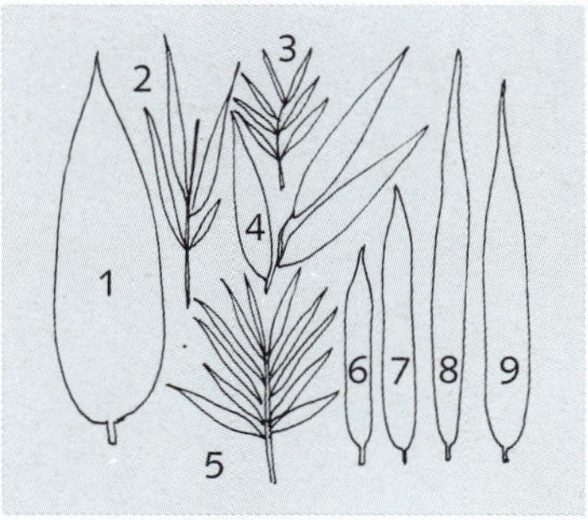

1 *Sasa palmata*
2 *Chusquea quila*
3 *Sasa pygmaea*
4 *Sasa veitchii*
5 *Pleioblastus distichus*
6 *Pleioblastus variegatus*
7 *Pleioblastus auricoma*
8 *Hibanobambusa tranquillans* "Shiroshima"
9 *Sasa masamuneana* "Albostriata"

Les chaumes : cartes de visite de nombreuses espèces

Ce tableau montre la diversité de formes, de couleurs, de structures ou de dessins des chaumes. Ainsi, le *Bambusa ventricosa*, lorsqu'il est taillé, forme des chaumes qui évoquent les pliures du ventre des statues de Bouddha.
Les courtes tiges du chaume de *Bambusa vulgaris* "Wamin" ressemblent à des vers de terre. *Phyllostachys bambusoides* "Castilloni" passe pour le plus beau des bambous avec ses chaumes d'un vert brillant qui s'élèvent majestueusement. Il est malheureusement encore peu répandu chez nous, parce qu'il a fleuri dans les années 60 et ne s'est pas encore tout à fait régénéré. Par contre, *Phyllostachys nigra* "Boryana", aux chaumes vert olive mouchetés est plus répandu et apporte un embellissement à tous les types de jardins. *Phyllostachys heterocycla f. heterocycla* "Kikko" est aisé à reconnaître, même pour les néophytes. *Phyllostachys nigra* surprend avec ses chaumes noirs. Lorsqu'ils sortent de terre, ils sont bleu vert, puis mouchetés de brun les premières années et virent enfin au brun rouge et au noir.
Chez certaines espèces, les graines sont joliment colorées et restent longtemps accrochées au chaume, formant ainsi un contraste avec le vert de ce dernier. La section des chaumes du *Chimobambusa*, enfin, n'est pas circulaire, mais presque carrée.

Bambusa ventricosa, *et ses "ventres de Bouddha".*

Chaume bicolore.

Phyllostachys aurea.

Pousse de Phyllostachys.

Bambusa vulgaris *"Wamin" en jardinière*

Mouchetage du Phyllostachys nigra *"Boryana".*

Une gaine claire.

Phyllostachys nigra.

› magnifique Phyllostachys bambusoides *"Castilloni".*

Chaume inhabituel à entre-nœuds contournés.

Chaque bosquet de bambous abrite tout un orchestre

Les Chinois considéraient depuis toujours les bambous comme "l'ami de la Chine", parce que toutes leurs parties étaient utiles aux hommes, et cela depuis 4000 ans. Ainsi, le bambou a joué un grand rôle dans l'art et la religion.

L'histoire des bambous

Il y a plus de 4 000 ans, dans l'un des six livres sacrés, fut consigné le fait que trois petites régions devaient acquitter leur tribut annuel à la cour de l'empereur Yu, sous forme de chaumes de bambou destinés à la fabrication de flèches. En l'an 450 après J.-C. un livre parut sur les méthodes de culture et de plantation des bambous et un siècle plus tard, un manuel chinois décrivait déjà 61 espèces de bambous.

En Chine, on construit depuis plusieurs siècles des ponts de grande portée en bambous. Les câbles étaient constitués de bambous qui avaient subi des épissures et avaient été tressés. Le canal de Hangzhou à Pékin, long de 1500 km et large de plus de 100 m, fut construit, il y a plus de 3 000 ans, uniquement avec des outils de bambous. La phrase du poète Pon Son tung est restée célèbre : "On peut renoncer à un repas, mais pour une maison il faut avoir des bambous. Si nous sommes privés de nourriture et de boisson, nous maigrissons. Mais sans bambou nous perdons notre joie de vivre."

Les méthodes de torture à l'aide de bambous sont plus sinistres. On donnait à manger aux criminels les extrémités des gaines d'une espèce particulière de *Phyllostachys*, dont les fibres, invisibles à l'œil nu, avaient dans l'estomac les effets de morceaux de verre tranchants.

Les bambous dans l'art et la religion

"Admire cette abondance de bambous verts sur les berges du fleuve Ki !" Ce vers date de 3 000 ans, il est extrait du *Livre des chants*. De tels passages abondent dans la poésie chinoise. Depuis toujours, poètes et peintres s'intéressèrent au bambou et le célébrèrent. Il était cultivé et honoré dans les jardins des temples. Bien avant l'invention du papier, les moines consignaient les événements importants sur des bandes de bambous, qui nous sont parvenues. Le bambou fait partie des quatre plantes nobles, avec le chrysanthème, l'orchidée et la prune.

Au Japon, il compte parmi les trois amis, aux côtés du pin et de la prune : le bambou symbolise Bouddha, la prune Confucius et le pin Lao Tseu.

Sa gracieuse silhouette a de tous temps inspiré les peintres, auxquels il fournit également pinceau et papier. Dans de nombreux pays, d'innombrables instruments de musique sont fabriqués à partir de bambous. Le spécialiste des bambous David Farrelly écrit dans son ouvrage *The Book of Bamboo* que chaque bosquet de bambous abrite tout un orchestre.

Les propriétés thérapeutiques des bambous

Le bambou est très important en médecine également. En Asie, le "tabasheer" passe pour une panacée qui guérit l'asthme et les maladies des voies respiratoires ; il est utilisé comme antidote, apprécié comme aphrodisiaque et employé aussi pour nettoyer l'étain. Sa forte teneur en silice explique ses propriétés ; la silice fortifie les tissus, surtout ceux des bronches, absorbe les poisons, embellit la peau et les cheveux. Les Chinois recouraient à une infusion de feuilles de bambous, destinée à faire tomber la fièvre.

Les bambous comme matériaux de construction

En Asie, on voit des échafaudages de bambous devant les immeubles en construction. L'assemblage entre les différents éléments est fait de bambous qui ont subi des épissures afin de former des lamelles. Les bambous présentent sur l'acier l'avantage d'être plus

Tous ces objets domestiques et instruments de musique sont fabriqués à partir de chaumes de bambous.

stables, plus légers et plus flexibles. De plus, ils ne s'oxydent pas dans le climat humide des Tropiques. Des essais ont montré que les bambous résistent mieux que l'acier aux pressions verticales. Dans de nombreux pays où les tremblements de terre sont fréquents, on a recours à des tiges de bambous afin d'éviter que les planchers de béton s'effondrent. De plus, en Asie tropicale, des maisons entières sont construites en bambous. Conduites d'eau, barrières, ainsi que presque tout ce qui est nécessaire à la vie : meubles, tapis, instruments ménagers, vaisselle, couverts, échelles, récipients, corbeilles, passoires, mais aussi coffres, chaussures, peignes, brosses, cannes, chapeaux, sandales, flèches, boucliers, bateaux, etc. En Amérique du Sud aussi, le bambou est employé pour la construction. Certes, il n'y jouit pas de la même considération qu'en Asie, car il est plutôt considéré comme un bois pour pauvres gens.

Objets célèbres en bambous

- la canne de Charlie Chaplin
- les flûtes shakuhachi du Japon
- le valiha, l'instrument de musique national à Madagascar
- les getas, chaussures de mauvais temps au Japon
- le filament de la lampe à incandescence d'Edison (1882)
- le tabasheer, un médicament asiatique
- l'anklung, un instrument de musique, dans la partie ouest de Java
- le hatong, une flûte de Pan

Bambous et gastronomie

Toutes les proportions sont indiquées pour 4 personnes. Faites bouillir les pousses fraîches de bambou ou utilisez des pousses en boîte.

Soupe de pousses de bambou aux nouilles :
Ingrédients :
200 g de pousses de bambou
1 oignon nouveau
1 piment frais
250 g de vermicelles chinois
2 cuillerées à café de sel
1 l de bouillon de volaille
1 pincée de poivre gris
1 cuillerée à soupe de sauce de soja
Préparation :
Coupez les pousses de bambou en lamelles dans le sens de la longueur, l'oignon en petits anneaux. Otez les graines du piment et coupez-le en morceaux. Faites cuire les vermicelles durant 4 à 5 mn dans 2 l d'eau salée. Amenez le bouillon de volaille à ébullition, ajoutez les pousses de bambou, les rondelles d'oignon et le piment ; laissez cuire 2 minutes. Versez la sauce de soja, poivrez et ajoutez les vermicelles.

Porc aigre-doux aux pousses de bambou
Ingrédients
600 g de côtes de porc
200 g de pousses de bambou
1 petite boîte d'ananas
2 à 3 cuillerées à café de sauce de soja, 1 de sel et 1 de poivre
5 cuillerées à soupe de vinaigre, 6 d'huile, 3 de fécule et 4 pleines de sucre
le jus d'ananas de la boîte
Préparation :
Coupez en morceaux les pousses de bambou, les côtes de porc et les tranches d'ananas. Préparez une marinade avec la sauce de soja, le vinaigre, le sucre, le jus d'ananas et 2 cuillerées à soupe d'huile. Laissez les morceaux de viande durant 10 à 15 minutes dans la marinade, égouttez ensuite et roulez-les dans la fécule.
Faites chauffer le reste de l'huile, faites dorer les morceaux de viande, retirez-les et gardez-les au chaud. Versez la marinade dans l'huile de cuisson, ajoutez les morceaux d'ananas, et laissez cuire à l'étouffée durant 2 à 3 minutes. Délayez la fécule avec 2 cuillerées à soupe d'eau et liez la sauce avec le mélange obtenu. Incorporez la viande et les légumes. Servez immédiatement.

Emincé de bœuf aux pousses de bambou
Ingrédients :
8 gros champignons chinois secs
500 g de rumsteak
4 cuillerées à café de vin de Xéres, 8 à 10 de sauce de soja et 1 de sel
1 blanc d'œuf,
2 cuillerées à soupe de fécule, 8 d'huile végétale et 1 de gingembre en poudre
200 g de pousses de bambou
poivre,
1 oignon nouveau
Préparation :
Faites tremper les champignons durant 20 minutes dans de l'eau chaude, coupez-les ensuite en quatre. Emincez la viande, placez-la dans une marinade composée du vin de Xéres, de 4 cuillerées à café de sauce de soja, de blanc d'œuf et de fécule. Faites chauffer l'huile dans la poêle, faites dorer les morceaux, ajoutez ensuite les pousses de bambou (découpées en rondelles), la poudre de gingembre et laissez cuire 1 minute. Assaisonnez avec le reste de la sauce de soja, le sel, le poivre et décorez avec l'oignon haché.

Comment accomoder les pousses de bambou ?

Nous ne connaissons malheureusement que les pousses de bambou en boîte, la plupart du temps importées de Thailande ou de Taiwan. Dans de nombreux pays d'Asie, les bambous sont cultivés comme légumes. En Italie, on a commencé à cultiver sur plusieurs hectares le *Phyllostachys edulis*, au goût délicieux, très répandu en Chine et au Japon, afin d'offrir aux Européens la saveur des bambous frais. Les pousses de nombreuses espèces sont comestibles, à condition de les faire bouillir ; il ne faut pas les consommer crues. Les pousses des bambous de nos jardins ne sont pas comestibles.

Importance écologique et économique

Le rôle écologique et économique des bambous est encore sous-estimé. Les bambous peuvent contribuer à sauver les forêts tropicales, car :
- ils poussent plus rapidement que le bois, sont plus robustes et résistants.
- ils produisent une biomasse cinq fois supérieure à celle du bois, pour une durée de temps équivalente. En Inde, déjà 70 % de la cellulose nécessaire à la fabrication du papier sont obtenus à partir des bambous. En Amérique du Sud, de vastes plantations de *Bambusa vulgaris* fournissent les chaumes nécessaires à la production de papier.
- ils peuvent freiner le phénomène de l'érosion. L'épais maillage de leurs rhizomes stabilise le sol.

L'aspect sociologique n'est pas négligeable : dans de nombreux pays du tiers-monde le bambou contribue à faire vivre les populations. Dans le nord de la Thaïlande, de nombreux villages fabriquent toutes sortes de choses à partir des bambous. Des ateliers semblables existent aux Philippines et en Chine. Ces objets artisanaux à l'aspect très esthétique sont vendus jusque chez nous.

Les amateurs de bambous dans le monde

Depuis environ 10 ans, une passion pour les bambous se déchaîne en Europe. Elle a pour heureuse conséquence de nous faire connaître de plus en plus d'espèces nouvelles.

En 1986, la Société européenne du bambou (European Bamboo Society) a été fondée. Elle regroupe maintenant environ 1 000 membres en France, en Allemagne, en Grande-Bretagne, en Suisse, en Italie (reportez-vous en page 44). La cotisation annuelle s'élève à 130 FF. Ses activités sont les suivantes :

- publication d'un bulletin de liaison : *Bambou*
- conférences, expositions, excursions, bourse d'échanges
- échanges des résultats de la recherche au niveau international
- diffusion de connaissances pratiques et scientifiques
- sauvegarde des espèces menacées

Une bambouseraie en Europe

La plus importante bambouseraie d'Europe se trouve en France, à Andruze, dans le Gard, à une demi-heure de route au nord-ouest de Nîmes, au pied des Cévennes. Il s'agit de la bambouseraie de Prafrance qui présente dans un parc de 40 hectares plus d'un million de bambous, répartis en une soixantaine d'espèces et de variétés différentes. Certains specimens atteignent plus de 20 m de haut. Ce lieu culte des amateurs de bambous attire 35 000 visiteurs tous les ans.

Ici un bambou Phyllostachys aurea *"Albovariegata".*

Un bambou prospère là où pousse un cerisier

En effet, les bambous et les cerisiers ont des exigences similaires : soleil, chaleur et un bon sol riche et perméable. Il importe de bien choisir l'emplacement, de planter le bambou au bon moment, de le soigner et de le multiplier. Choses fort simples si vous connaissez certains tours de main, ainsi que les exigences des bambous.

Avant l'achat

Particularités de croissance, emplacement et soins jouent un rôle très important pour le choix de l'espèce. Reportez-vous aux pages 30 à 43.

La résistance au froid permet de savoir si un bambou résistera à nos hivers ou s'il aura besoin d'être protégé. Cette résistance dépend de l'espèce et également de l'emplacement choisi. Dans un lieu protégé, une cour intérieure par exemple, un bambou qui résiste d'ordinaire à une température de -15° peut alors très bien supporter 5 degrés de moins. Inversement, l'espèce la plus endurante ne résiste pas si elle est exposée à des vents glacés de nord-ouest ou si elle est plantée à plus de 500 m d'altitude. Un bambou cultivé dans un bac est moins résistant qu'un bambou planté à l'extérieur. Il faut savoir que même chez les espèces les plus résistantes, le feuillage souffre dès que la température descend en-dessous de -20°. Dans le chapitre consacré à la présentation des différentes espèces (page 30 à 43), l'endurance au froid est indiquée pour chaque bambou.

La taille atteinte par les bambous peut varier selon le lieu où ils se trouvent. Une espèce qui atteint 10 m de haut dans le sud de la France, ne dépasse parfois pas 6 m sous des latitudes plus septentrionales parce que le nombre de journées chaudes est plus réduit. En règle générale, un bambou grandit en une année de la moitié de sa hauteur totale. Mais les bambous ne semblent pas dépasser 10 m dans nos régions tempérées.

Conseil : les bambous traçants résistent bien au froid en général. Ce n'est pas le cas des bambous cespiteux, à l'exception de quelques espèces de *Fargesia (Sinarundinaria)*, plus tolérants.

Où acheter des bambous ?

Chez les pépiniéristes, les centres de jardinage, chez les producteurs de plantes vertes et dans les magasins spécialisés. Vous trouverez chez les fleuristes les espèces tropicales pour la maison et le jardin d'hiver.

Précautions au moment de l'achat

Les bambous sont vendus dans des récipients de plastique noir. Veillez à ce que :

- la plante porte une étiquette qui indique le nom botanique
- le pot corresponde à la taille de la plante
- les bambous n'aient pas formé de racines en anneaux sur la partie supérieure du pot. Si c'était le cas, cela signifierait que la plante n'a pas été dépotée à temps et que sa croissance a été ralentie.
- les feuilles soient d'une belle couleur vert clair
- les chaumes soient fermes et jeunes
- la plante possède suffisamment de rhizomes pour son développement ultérieur. (Faites dépoter la plante devant vous !)

Le transport

Le transport en voiture ou en train ne pose aucun problème pour les bambous, car ils sont flexibles. Le printemps est la saison qui convient le mieux, parce que

Tuyaux d'adduction d'eau en bambou : ce système japonais s'appelle Shishi-Odoshi. A l'origine, il fut conçu pour effrayer les animaux sauvages. L'écoulement de l'eau produit un petit claquement sec. ▷

les jeunes pousses sont encore très petites.

Le bouquet de chaumes est attaché avant d'emporter la plante. Le pot est placé dans un sac en plastique, afin de ne pas salir la voiture. Arrivé à la maison, il convient d'arroser immédiatement la plante. Si vous ne la plantez pas tout de suite, placez la plante et son pot à l'extérieur, à l'abri du vent.

Le meilleur moment pour planter

Les bambous poussent plus rapidement au printemps : cette période correspond au début de leur cycle de végétation et ils pourront poursuivre leur croissance durant l'été. Le réchauffement régulier du sol permet un développement sain des racines. Les bambous plantés à l'automne n'ont pas assez de temps pour bien former leurs racines, c'est-à-dire des racines fines qui iront chercher de l'eau. Ils risquent alors de se dessécher dès le premier hiver.

L'emplacement idéal :

L'emplacement dépend naturellement des besoins culturaux et particulièrement des besoins en lumière des différentes espèces. (pages 30 à 43).

En général, les bambous de jardin ont les exigences suivantes :

- un lieu à l'abri du vent, où la température en hiver ne descend pas en dessous de - 15°.
- un sol riche en éléments nourriciers, perméable et qui ne sèche pas trop rapidement.

Les bons emplacements :

- les cours intérieures protégées, par exemple, les arrière-cours des grandes villes
- les murs ou les renfoncements à l'abri du vent
- les jardins entourés de murs ou de haies assez hauts qui créent un micro-climat plus chaud
- la proximité de groupes d'arbres de grande taille, dont les branches protégeront les bambous du dessèchement par le soleil.

Les emplacements qui conviennent moins bien :

- une altitude supérieure à 800 m
- les lieux exposés au vent
- les sols glaiseux et imperméables
- les sols sableux dans lesquels l'eau s'infiltre et disparaît trop rapidement
- les terrains marécageux dans lesquels l'eau s'accumule et où le sol n'est pas suffisamment aéré.

Important : les bambous ne sont pas des plantes de marécage ! Si vous le plantez en bordure d'un ruisseau ou d'un étang - ce qui est d'un bel effet, vous devez assurer un bon drainage.

Conseil : avant d'acheter votre bambou, décrivez soigneusement au vendeur les caractéristiques de l'emplacement choisi. Indiquez-lui la direction habituelle du vent en hiver et en été, la moyenne des températures, si vous disposez d'un système d'arrosage et quelle est la constitution de votre sol. Indiquez-lui quelles sont les plantes qui poussent particulièrement bien dans votre jardin et celles qui végètent ou périclitent.

Les qualités indispensables du sol

Le sol idéal pour les bambous :

- est riche en humus, aéré et nourricier, comme un sol de forêt ou comme un bon sol de prairie
- a un sous-sol perméable à l'eau. Le sous-sol à proximité des maisons récentes a souvent été rendu imperméable par les travaux effectués lors de la construction.
- peut retenir l'eau. C'est important, car les bambous traçants ont des racines peu profondes et ont besoin de beaucoup d'eau.

Quand ces conditions sont remplies, le degré d'acidité du sol n'a plus qu'un rôle secondaire.

Les bambous se développent sur les sols calcaires également, mais un sol légèrement acide, avec un ph entre 5,5 et 6,8 (7 correspond à un ph neutre) est l'idéal.

Comment amender le sol ?

Les sols lourds et imperméables : reconnaissables à l'écoulement lent de l'eau, à la formation d'une croûte dure superficielle et de crevasses après dessèchement. Ils peuvent être amendés par de l'argile soufflée.

Les sols sableux et légers peuvent être enrichis avec de la terre franche, du compost.

Les sols dans lesquels l'eau stagne doivent être drainés. Retournez et aérez les couches imperméables, si nécessaire placez des drains. Une couche de gravier joue le rôle de filtre.

Dans le cas de *sols riches en eau*, par exemple à proximité des étangs ou des ruisseaux, plantez les bambous 50 cm plus haut. Il suffit de construire une petite butte en rassemblant la terre au pied des bambous.

L'arrosage

Il est important non seulement après la plantation du bambou mais il est également nécessaire quotidiennement pour les bambous en bacs, lors des journées chaudes. Les bambous montrent qu'ils ont besoin d'eau en enroulant leurs feuilles.

Important : en cas de hautes pressions persistantes, un bambou placé à l'extérieur doit être arrosé, été comme hiver, parce qu'il provient de pays où les précipitations sont abondantes. De plus, les bambous ont des feuilles persistantes et laissent évaporer l'eau sans cesse par leurs feuilles, même en hiver, à la manière des rhododendrons et des épineux.
En hiver, il convient d'arroser lorsqu'il ne gèle pas, en général entre deux périodes de gel.

L'engrais

Les bambous ont de grands besoins en éléments nourriciers. Mais il ne faut surtout pas donner d'engrais à des bambous fraîchement plantés ! L'apport nutritif qui se trouve dans la terre du pot suffit pour les trois premiers mois. En pleine terre ou en jardinière, les spécimens adultes peuvent à partir du mois de mai recevoir un engrais complet azoté. Vous pouvez dissoudre cet engrais dans l'eau d'arrosage, ou si vous l'achetez sous forme de granulés, le répandre sur les racines. Dès la fin août ne donnez plus d'engrais, afin que les jeunes pousses puissent grandir et résister mieux au froid.

Conseil : paillez le sol, par exemple avec les feuilles mortes du bambou qui protègent les racines non seulement du froid ou du dessèchement, mais leur donnent aussi des éléments nourriciers. Les feuilles de bambous restituent de l'acide silicique à la plante. Les jardiniers soucieux de l'environnement utilisent un compost à base de prêle des champs qui contient également de l'acide silicique et de précieux minéraux en abondance.

Phyllostachys viridiglaucescens *au feuillage aussi fourni que celui d'un arbre*

BAMBOUS FICHE PRATIQUE

Les planter

Les bambous sont cultivés dans des jardinières, des bacs, dont le diamètre dépend de la taille et de l'âge de la plante.

Préparatifs :

- sortez les bambous de leur pot
- aérez la motte
- plongez la motte sous l'eau jusqu'à ce que n'apparaissent plus de bulles ; la motte est alors suffisamment humide

Comment les planter :
(illustrations de 1 à 4, en bas)

1 creusez un trou de 20 cm plus profond que la hauteur du pot, et de 20 à 40 cm plus large que le pot. Mélangez la terre extraite du trou à du compost ou à de la terre franche mêlée à un engrais retard. Ameublez le sol sur au moins une largeur de pioche. Si le sol est imperméable, creusez davantage.

2 placez la plante avec la motte au milieu du trou et son sommet au niveau du sol. Vous ne pouvez planter les bambous un peu plus en profondeur que dans le cas de sols très légers et vous devez alors ajouter une terre franche plus lourde.

3 Ajoutez la terre que vous avez ôtée et tassez le tout. Arrosez de nouveau et paillez.

4 Il est recommandé d'aménager un barrage pour les rhizomes des bambous traçants, de préférence dès que vous placez la plante en terre (cela est important en cas de place réduite, à proximité des terrasses ou des pelouses).
Pour cela, creusez un sillon profond sur un cercle de 70 cm autour de la plante. Placez le barrage : une épaisseur de textile plastifié, non oxydable, de 7 mm d'épaisseur). Les rhizomes ne pourront percer ce dispositif. Remplissez de terre l'espace restant

1 Creusez un trou une fois plus large et profond que la motte de bambous.

2 Placez les bambous en maintenant le sommet de la motte au niveau du sol.

3 Remplissez de terre et tassez le tout. Arrosez abondamment et paillez.

4 Les rhizomes poussent ainsi, lorsque un barrage est aménagé dès que la plante est mise en terre.

Les méthodes de multiplication les plus répandues

La division des touffes de rhizomes et le sectionnement de bambous cespiteux sont des choses aisées.
Multiplication par division des rhizomes (illustrations 1 à 3, à droite). Le rhizome doit avoir 2 à 3 ans et posséder plusieurs yeux.
1 Déblayez un peu de terre et dégagez le rhizome avec précaution. Coupez-le en morceaux de 20 cm de long, à l'aide d'un sécateur.
2 Placez les morceaux de rhizome horizontalement, à 15 cm de profondeur.
3 Recouvrez de terre, aplanissez et arrosez abondamment.
Conseil : une autre possibilité consiste à planter le rhizome horizontalement dans un large pot empli d'un mélange de terre franche et de sable.
Multiplication par division des touffes (illustrations 4 à 6, à droite)
Elle est principalement employée pour propager les nombreux représentants du genre *Phyllostachys*. Procédez comme pour le rempotage page 22.
4 Enfoncez la pioche au bord de la touffe, et détachez un bouquet de 4 à 5 chaumes.
5 Raccourcissez le rhizome.
6 Placez ce bouquet au milieu d'un trou suffisamment profond (page 20 : plantation), afin qu'il retrouve une position semblable à celle qu'il avait précédemment. Remplissez de terre et aplanissez. Formez un rebord en forme de cuvette et arrosez abondamment.
Raccourcissez les tiges de moitié et paillez.
Conseil : à l'aide d'un tapis de fibres naturelles, protégez du soleil printanier les bambous qui viennent juste d'être plantés.
La formation de nouveaux chaumes indique que le bouquet a formé des racines.

1 Division du rhizome : couper le rhizome en segments de 20 cm de long.

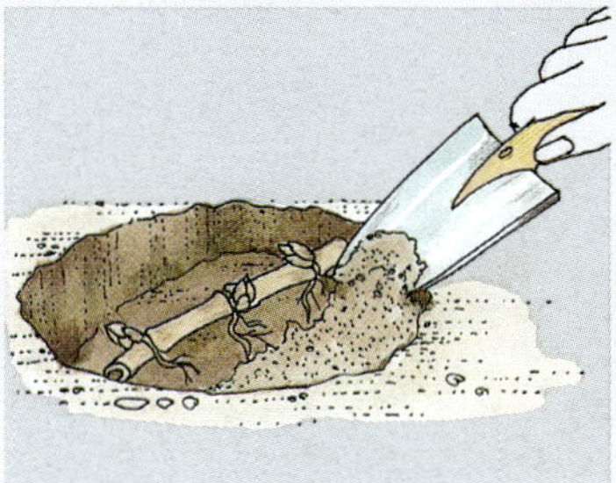

2 Placer les segments dans le sol.

3 Recouvrir de terre et arrosez.

4 Détacher les chaumes.

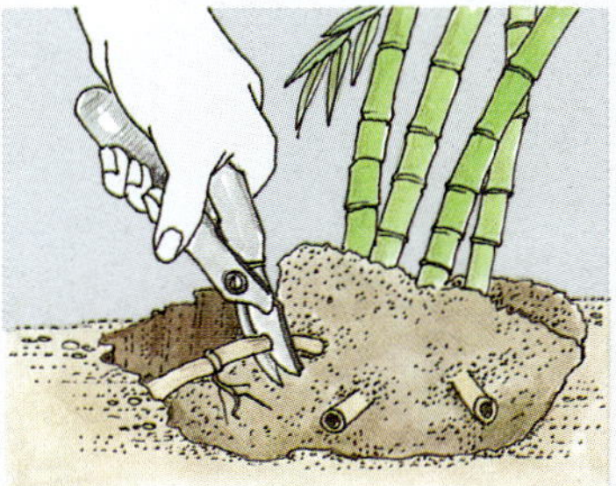

5 Raccourcir le rhizome, plantez.

6 Raccourcir les tiges, paillez.

Le bambou, comme toutes les herbacées, a un bel aspect en hiver.

Les bambous en pot

Une terre de jardin légère, que l'on peut mélanger à parts égales à du sable et à du terreau, convient parfaitement. Important : incorporez immédiatement un engrais retard !

- Choisissez un pot d'une taille trois à quatre fois supérieure à celle de la motte. Le bac doit être nettement plus haut que le pot qui contient la plante et doit être muni d'orifices pour l'écoulement de l'eau.
- Selon la taille du pot, placez une couche drainante de 5 à 10 cm d'épaisseur, constituée d'argile soufflée, de sable.
- Recouvrez la couche drainante d'un voile, afin que la terre ne soit pas entraînée vers le bas, ce qui obstruerait les orifices d'écoulement de l'eau.
- Humectez abondamment la motte.
- Placez la motte au centre.
- Amendez la terre avec un engrais. retard et versez-la dans le pot. Tassez bien. Formez une cuvette pour l'arrosage.
- Versez une dizaine de litres d'eau.

Les transplanter

Si vous avez l'intention de planter votre bambou dans un autre endroit au printemps prochain, les préparatifs suivants sont à réaliser à l'automne :

- attachez les pousses avec un lien.
- Creusez en cercle et sur la profondeur d'une largeur de pioche autour de la plante pour séparer les rhizomes. Vous obtenez ainsi la taille de la motte.
- Mêlez la terre retirée avec de la terre franche, et replacez ce mélange dans l'espace creusé.
- Arrosez abondamment.

Après cette opération, la plante forme de nouvelles racines à l'intérieur et sur les bords de la motte, et elle pourra supporter sans difficultés la transplantation le printemps suivant. Si vous déplacez le bambou sans procéder à cette opération, il n'aura pas assez de fines racines nécessaires à l'absorption de l'eau.

Bien les tailler

Les éclaircir : la beauté des chaumes est mise en valeur lorsque les bambous ont été éclaircis. Au printemps, éliminez de temps à autre quelques tiges âgées. Vous les distinguerez aisément des jeunes tiges vert tendre. Bénéfice supplémentaire : le *Phyllostachys* lorqu'il est éclairci donne des tiges plus épaisses.

Taille à ras : les espèces qui couvrent le sol, comme *Sasa veitchi, Pleioblastus pumilis, Sasa pygmea* devraient être taillées au ras du sol au début du printemps. Attention : ne taillez pas de nouveau à l'automne ! La plante a besoin de ses feuilles pour se protéger des rigueurs de l'hiver.

Taille de maintien : les feuilles et les tiges qui ont gelé durant l'hiver ne doivent pas être coupées avant fin mai. Avant cette date, vous ne pouvez être assuré qu'elles ne formeront pas de nouvelles pousses. Donnez de l'engrais après la taille !

Conseil : ne jetez pas les restes de la taille, mais laissez-les sur le sol afin de former un paillage. En se décomposant, ils apporteront des éléments nutritifs aux bambous.

Les protéger pendant l'hiver

Il est recommandé de les protéger des rigueurs hivernales durant les premières années. Cette protection est utile contre le soleil en février-mars : la photosynthèse déclenchée dans les feuilles par les jours de printemps ensoleillés ne peut se faire normalement, car la plante ne peut absorber l'eau si le sol est gelé. En automne et en hiver, il importe avant tout de protéger les racines. Vous avez le choix entre plusieurs possibilités :

- placez un fin grillage de poulailler en cercle autour de la plante. Arrosez abondamment et remplissez les orifices du grillage avec de la paille ou des feuilles sèches. Ces matériaux peuvent être disposés sur 30 cm d'épaisseur. Vous les enlèverez en avril !
- attachez les bambous sans serrer. Ainsi, les feuilles protégeront partiellement les racines
- placez un tapis de roseaux autour de la plante
- plantez quelques pieux et tendez des sacs de toile de jute par-dessus

Conseil : ne couvrez pas les bambous avec des sacs de plastique, parce que les plantes peuvent alors manquer d'air.

La multiplication des bambous

Les bambous se multiplient par divers procédés.

La multiplication par division du rhizome est à la portée de tous. Vous trouverez page 21 les explications nécessaires. Le début du printemps est la saison la plus favorable.

La multiplication par fragments de chaume est plus rare (réservée aux espèces tropicales), par méristème (minuscules morceaux de tissu végétal, et pratiquée uniquement pour quelques espèces) et par graines.

Multiplication par fragments de chaume : c'est ainsi que l'on multiplie les bambous tropicaux. Un morceau de tige est placé verticalement dans le sol. Des racines, des rhizomes ou des pousses dotées de feuilles peuvent se former à la hauteur des nœuds. Vous pouvez planter la tige dans le sol et la recouvrir en partie de terre. Dès que des racines se sont formées, séparez les différentes parties et plantez-les isolément en pot.

La multiplication par méristème : cette méthode permet une production intensive de bambous. Les résultats ne sont toutefois probants que pour le genre *Bambusa* et pour le *Guadua* d'Amérique du Sud. Cette méthode ne peut malheureusement être utilisée pour les espèces du genre *Phyllostachys* et pour de nombreuses autres espèces.

La multiplication par les graines : si le bambou fleurissait plus souvent et plus régulièrement, ce serait sans nul doute le plus simple et le moins onéreux des procédés de multiplication. Pour comble de difficulté, la graine perd très vite ses capacités de germination.

Parasites et maladies

Ils ne posent aucun problème lorsque le bambou est planté à l'extérieur, mais ils sont importuns pour les bambous d'intérieur et de jardins d'hiver.

L'air sec provoque l'apparition de pucerons et d'araignées rouges. Les insecticides du commerce, les plaquettes insecticides permettent de les combattre.

Les dommages dus au froid

On distingue trois catégories de dommages :

- dégâts causés au feuillage.
- dégâts causés au feuillage et aux tiges;
- dégâts causés au feuillage, aux tiges et aux rhizomes.

La plante se remet généralement bien des dommages causés au feuillage. Les vieilles feuilles tombent et sont remplacées par les jeunes. Si les feuilles et les tiges ont gelé - vous le remarquerez à leur couleur gris pâle, il faut attendre fin mai. Dans la plupart des cas, les bambous font alors de nouvelles pousses. Si les feuilles, les tiges et les rhizomes sont atteints, la plante est perdue. Vous ne devez pas redouter les ravages de l'hiver si vous n'avez pas planté dans des endroits exposés des espèces particulièrement fragiles et si vous avez protégé les racines.

L'Extrême-Orient dans le jardin et la maison

Les bambous allient l'élégance à la gaieté. Que ce soit pour une haie, pour une plante en touffe isolée, pour former un bosquet, au bord d'une pièce d'eau, dans une cour intérieure, un jardin d'hiver ou une pièce de séjour - le plus important est de choisir l'espèce appropriée.

Etes-vous las de votre sapin solitaire, cherchez-vous une plante qui reste verte, mais qui ait un aspect moins sévère ? Désirez-vous stabiliser un talus ou le sol autour d'une pièce d'eau que vous venez de créer ? Avez-vous envie d'un coin aménagé à la japonaise ou simplement d'une silhouette fine pour votre jardin d'hiver ou votre pièce de séjour ? Le bambou vous convient alors.

De nombreuses possibilités décoratives vous sont offertes, avec des espèces de taille haute, moyenne, basse ou au ras du sol. Les bambous conviennent pour :

- être plantés en touffes isolées ;
- être plantés en touffes regroupées ;
- stabiliser les bords des pièces d'eau ou des ruisseaux ;
- être plantés sous des plantes plus hautes ;
- abriter du regard d'autrui, en étant planter en haie ;
- être plantés en bacs dans des jardins d'hiver ou des serres ;
- être tout simplement une plante d'intérieur ;
- pour les balcons et terrasses, dans de bonnes conditions (page 27).

Conseil : par leur croissance rapide, les bambous permettent de se protéger des regards indiscrets. Leur hauteur définitive atteinte, il n'est pas nécessaire de les tailler.

Conseils de décoration

Bambous à planter en touffes solitaires :
Phyllostachys aureosculcata (3m)
Phyllostachys nigra "Henonis"
Phyllostachys nigra "Boryana"
(3 à 5 m tous les deux)
Bambous à planter en touffes regroupées :
Phyllostachys bissetii (3 à 4 m)
Phyllostachys humilis (2 à 3 m)
Phyllostachys flexuosa (3 à 4 m)
Nombre de pieds : bambous rampants, couvre-sol : 2 à 4 plantes par mètre carré.
Haie : 1 à 2 plantes par mètre
Bordures, haies basses : 2 à 3 plantes par mètre
Pots : 1 plante par pot
Jardinières : 1 plante pour 30 cm.

Les bambous dans le jardin

Les bambous sont des plantes particulières qui ne peuvent être plantées avec n'importe quelle autre. Les bambous et les sapins ne vont pas ensemble.

Pierres et eau : au Japon, les bambous sont toujours accompagnés de l'un de ces éléments. La pierre passe pour l'élément le plus stable dans l'architecture japonaise du jardin et symbolise la pérennité, la force, la résistance. L'eau représente le calme et le silence. Pierre, eau et plante se mêlent en une unité harmonieuse. Ces îlots de calme sont d'une beauté dépouillée qui s'intègre à nos jardins. Quelques exemples d'objets japonais pour l'architecture des jardins :

les lanternes de pierre, les puits (tsukubai), les jeux d'eau japonais, tel le Shishi-Odoshi, qui à l'origine faisait office d'épouvantail, pierre isolée, gravier, sable.

Les arbres à fleurs, à feuilles caduques, les épineux, particulièrement ceux qui ont un sens symbolique dans le monde asiatique. Par exemple : érable, pin, magnolia, cerisier et prunier d'ornement, rhododendron, azalées, camélias, aucuba, aralia, kerria.

Les plantes grimpantes telles les clématites et la vigne vierge.

Les végétaux aux feuilles larges contrastent avec la finesse du feuillage des bambous. Exemples : hostas, bergenia, les arbustes à fleurs et les plantes à bulbes, comme les iris, les lis et les anémones.

<u>Ambiance exotique</u> : *les espèces tropicales de bambous aiment la chaleur et viennent particulièrement bien dans un jardin d'hiver inondé de lumière. Ils forment un arrière-plan toujours vert pour les autres plantes vertes et pour les plantes à fleurs.*

Le fin feuillage des bambous produit un effet discret et apaisant dans tous les jardins.

En dessous ou à côté des bambous de haute taille, vous pouvez placer des plantes qui apprécient l'ombre. Les feuilles des bambous en tombant conservent au sol l'humidité.
Les roses à fleurs simples ou les variétés botaniques.
Les plantes herbacées les plus variées.

Les bambous à l'intérieur

Choisissez un emplacement le plus clair possible : avec une fenêtre orientée au sud en hiver, et à l'est ou à l'ouest en été. Arrosez beaucoup pendant la période végétative (mais évitez la formation de poche d'humidité), donnez de l'engrais toutes les semaines. Planter les bambous sur un sol pierreux ou sur des dalles, parce qu'ils "font leur toilette" sans cesse, c'est-à-dire qu'ils renouvellent sans arrêt leurs feuilles. Il est alors plus facile de ramasser les feuilles mortes sur un sol de pierre. De plus, les bambous proposés à la vente, tel *Pogonatherum paniceum*, ne sont pas des bambous au sens strict, mais des parents de la canne à sucre. Cette gracile plante verte fleurit plus souvent. *Bambusa vulgaris* par contre est un authentique bambou tropical (page 31).

Les bambous en jardin d'hiver

Les conditions de lumière en jardin d'hiver sont idéales pour les espèces qui craignent le gel. Les bambous peuvent être plantés directement en terre, en jardinières ou en bacs.
Conditions nécessaires :
- de la lumière de tous les côtés ;

• suffisamment d'humidité ;
• une température estivale entre 25 et 35 °.
• une température hivernale qui ne descend pas en dessous de 5°;
• une aération suffisante. Un excès de chaleur peut être nocif en été ;
• la possibilité de faire de l'ombre, et surtout de protéger les plantes du soleil brûlant.

Conseil : placez les bambous en bacs à l'extérieur après la mi-mai si le poids des contenants le permet.

Les bambous sur les terrasses

Ils constituent une agréable protection contre les regards indiscrets. Il faut surtout éviter que la motte gèle en hiver, et qu'elle soit desséchée par le soleil hivernal. Les espèces résistantes au froid, d'une taille moyenne et au feuillage abondant conviennent le mieux.

Conditions requises :
• une jardinière, un bac suffisamment grand, d'une contenance minimale de 50 l. Les bacs ou jardinières doivent être d'une taille trois à quatre fois supérieure à celle de la motte, et être dotés d'orifice pour l'écoulement de l'eau ;
• drainage (page 22 ;
• protégez-les en hiver. Placez les bacs en un lieu abrité du vent, et enveloppez-les de plaques de polystyrène, d'une épaisse couche de paille ou de feuilles isolantes ou d'un matériel équivalent. Vous pouvez également enterrer les bacs dans un trou profond et les recouvrir d'une épaisse couche de feuillage ;
• arrosez régulièrement en été, et lors des journées sans risque de gel en hiver.

Conseil : les bacs et jardinières qui restent à l'extérieur en hiver doivent être en matières qui résistent au froid.

Les bambous sur le balcon et sur les toits-terrasses

Les bambous se portent bien s'ils sont placés dans de larges récipients, qui par conséquent pèsent lourd : il faut vous enquérir de la charge maximale autorisée sur le sol auprès de votre propriétaire ou auprès de l'administration compétente. Il importe de veiller à protéger les plantes du vent et de l'hiver (voir paragraphe précédent sur les terrasses).

Les bambous en hydroculture

Jusqu'ici les essais n'ont pas été concluants. Les rhizomes semblent ne pas supporter l'humidité pourtant réduite que l'argile expansée retient et diffuse régulièrement. Les extrémités des feuilles brunissent fréquemment.

Les bambous traités en bonsaï

Les bambous travaillés en bonsaï japonais et en penjing chinois sont aussi séduisants qu'avec toute leur taille. Les espèces de petite taille conviennent particulièrement. Mais les bambous qui atteignent une taille importante peuvent être nanifiés par la coupe ou par l'arrachage des jeunes feuilles de la gaine.
Les spécialistes ont recours à cette technique du bonsaï pour obtenir des "bambous à l'allure d'arbre" (page 19) qui ont une tige droite et épaisse, un espace plus réduit entre les nœuds et un feuillage plus fourni. Si vous vous intéressez à cette technique, vous pouvez adhérer à une association d'amateurs de bonsaï ou demander des conseils à une jardinerie.

Des bambous en toutes circonstances...

Les bambous d'intérieur
Bambusa glaucescens "Alphonse Karr"
Bambusa glaucescens "Golden Goddess"
Bambusa glaucescens "Wang Tsai"
Bambusa vulgaris "Striata"
Bambusa vulgaris "Wamin"
Chusquea coronalis
Chusquea ramossima
Otatea aztecorum
Sinobambusa tootsik "Variegata"

Les bambous de jardins d'hiver
En plus des espèces qui conviennent pour l'intérieur :
Bambusa ventricosa
Chimobambusa marmorea
Chimobambusa quadrangularis
Drepanostachyum hookerianum
Phyllostachys aurea
Phyllostachys viridiglaucescens
Thamnocalamus microphyllus

Les bambous de terrasse et de balcon
Fargesia murielae
Fargesia nitida
Phyllostachys aurea
Phyllostachys aureosulcata
Phyllostachys bambusoides "Violascens"
Phyllostachys bissetii
Phyllostachys humilis
Phyllostachys nigra
Pseudosasa japonica

Les bambous qui peuvent être traités en bonsaï
Bambusa glaucescens
Bambusa ventricosa
Chimobambusa marmorea
Chimobambusa marmorea "Variegata"
Phyllostachys humilis
Pleioblastus chino var. *gracilis*
Pleioblastus pumilis
Pseudosasa japonica

Les bambous : une oasis sur le balcon

Les bambous sont la plante idéale pour les balcons, où la place est réduite en général, par leur allure fine et gracieuse, et parce qu'ils ne s'étendent pas trop en largeur.
De plus, ils forment un fond neutre pour les fleurs de couleur et s'harmonisent avec tous les styles de meubles - particulièrement avec les meubles de matériaux exotiques.
En été, souvenez-vous que les plantes en bac sèchent plus vite que les plantes en terre, et arrosez-les quotidiennement les journées chaudes. Si votre balcon est trop exposé aux courants d'air, veillez à protéger les plantes en hiver (page 27). De plus, n'employez que des bacs en céramique cuite à haute température, qui peuvent résister au gel.
Vous trouverez dans le commerce de belles céramiques, de couleur unie, vernies ou non.
Les céramiques de style chinois sont particulièrement séduisantes, et conviennent au style des bambous.

Harmonie ton sur ton.
Sans les bambous, cette composition serait fade. Sur la photo : Quinzhua tumidinoda, *une espèce rare originaire de Chine et* Phyllostachys viridiglaucescens *taillé et formé, qui est également une rareté.*

Toujours verts, élégants et variés

Duvets et cils caractérisent Phyllostachys heterocycla var. pubescens *(photo ci-contre). Une observation attentive permet de distinguer des particularités au sein de chaque espèce. Lorsque vous connaîtrez ces détails, vous serez à même de tirer le meilleur parti des bambous.*

Explication des termes utilisés
Vous trouverez dans les pages suivantes une sélection des plus belles espèces de bambous. De nombreux bambous se ressemblent, aussi les explications sont destinées à vous aider à les reconnaître, à bien les choisir et à bien les soigner.
Le nom : le premier nom indiqué est le nom du genre, par exemple *Arundinaria*. Ce nom est compris par tous, dans le monde entier. Les spécialistes ont des difficultés à classer les bambous : certaines espèces et variétés ont plus d'un seul nom, et il existe même des synonymes. Ces synonymes sont indiqués entre parenthèses, à la suite du premier nom. Si le vendeur auquel vous vous adressez ignore le premier nom, recourez au synonyme sous lequel le bambou de votre choix est sans doute mis en vente. De plus, de nombreux noms de bambous n'ont pas été francisés.
Pays d'origine : il est indiqué pour chaque espèce.
Croissance : il vous est indiqué s'il s'agit d'un bambou cespiteux ou traçant (page 6). Cette information est importante pour planter votre bambou et pour le multiplier ensuite (page 21).
Taille : cette précision importante vous permet de prévoir la place dont la plante aura besoin.
Signes caractéristiques : les principales caractéristiques qui différencient chaque espèce sont indiquées.
Emplacement : cette indication est très importante pour planter les bambous, car certains ont besoin de soleil et d'autres d'ombre.
Utilisation : il vous est indiqué si ce bambou est adapté pour une plantation en touffe isolée, en bouquet ou en haie, s'il convient de le planter en bac, s'il prospère mieux à l'extérieur - dans le jardin, ou à l'intérieur - salon ou jardin d'hiver.
Résistance au gel : elle dépend de l'espèce et de l'emplacement. Le climat joue également un rôle non négligeable. Dans les régions côtières, la plupart des bambous supportent quelques degrés de moins qu'à l'intérieur des terres.
Espèces et variétés recommandées : nous vous proposons des espèces et des variétés commercialisées particulièrement belles et d'un entretien facile ; nous vous indiquons l'essentiel sur leur aspect et leurs caractéristiques.
Conseil : l'auteur complète ces indications par des remarques tirées de son expérience personnelle.

Un bambou facile à vivre
Quel est le bambou idéal pour un jardin ? A mon avis, *Phyllostachys aureosulcata* "Spectabilis". Cette espèce répond le mieux à ce que nous attendons d'un bambou. L'expérience a montré sa résistance aux hivers rigoureux et sa beauté enchanteresse nous surprend. Ses chaumes sont de couleur jaune et présentent au-dessus du nœud une rainure verte. Cette combinaison de couleurs n'apparaît que chez quelques rares espèces qui résistent au froid.
Résistance au froid et beauté : que peut souhaiter de plus un amateur de bambous ? Je suis certain que *Phyllostachys aureosulcata* "Spectabilis" - à condition que le marché puisse satisfaire à la demande, sera l'espèce la plus vendue.
Une photographie de ce bambou orne la couverture de cet ouvrage.

Arundinaria atropurpurea *aime soleil et mi-ombre.*

Bambusa vulgaris *"Striata" - un bambou d'intérieur.*

Arundinaria

Cette espèce comprend une infininité de variétés et ses chaumes fournissent les tuteurs de nos plantes. Ce bambou se caractérise par la coloration particulièrement belle de ses gaines. Ses feuilles sont soit longues et arrondies, soit minces et courtes. Les chaumes sont rondes.

Pays d'origine : Afrique, Amérique, Asie.

Croissance : bambou traçant.

Taille : de 1,5 m à 8 m.

Signes caractéristiques : 3 à 6 branches par nœud.

Emplacement : mi-ombre, lieux clairs mais non ensoleillés.

Utilisation : haies, buissons destinés à donner de l'ombre, en bac, en jardinière.

Résistance au gel : quelques espèces résistent à des températures de -18 à -23°.

Espèces et variétés recommandées :
Arundinaria atropurpurea (Sasælla atropurpurea). Chaumes brun rouge, de l'épaisseur d'un doigt, fermes, 60 à 80 cm, feuillage vert sombre
Arundinaria gigantea ssp *tecta*. Chaumes vert tendre, 2 m de haut, feuillage vert clair, duveteux, croissance vigoureuse, supporte le soleil.

Bambusa

Ce bambou tropical compte parmi les premières variétés qui devinrent populaires en Europe. Au XIXe siècle, *Bambusa vulgaris* était déjà cultivé en serre. Aujourd'hui, des chaumes épais de la variété "Striata", sciés puis plantés en pots sont proposés comme plantes d'intérieur, lorsqu'ils ont formés des rhizomes. Les pieds d'origine proviennent de Ceylan, de Thaïlande ou des Philippines.

Pays d'origine : tropiques.

Croissance : bambou cespiteux.

Taille : en pot, il ne dépasse pas 1,2 m.

Signes caractéristiques : chaume jaune, rayé de vert, de 6 à 8 cm de diamètre.

Emplacement : un lieu très clair.

Utilisation : séjour, serre, jardin d'hiver, bac.

Résistance au gel : supporte mal l'hiver. Maintenez une température supérieure à 5°.

Conseil : pendant la période de croissance, donnez-lui régulièrement de l'engrais toutes les trois semaines. Les pousses se développent à la fin de l'été. Rempotez-le tous les ans. Il peut être cultivé en hydroculture. Placez-le à l'extérieur après la mi-mai. S'il est placé à l'intérieur, surveillez les attaques d'araignées rouges ou de pucerons.

Bambusa glaucescens *"Alphonse Karr"*

Bambusa glaucescens *"Wang tsai"*.

Bambusa

Ces deux variétés de Bambusa glaucescens ne sont pas vendues sous forme de segments de chaumes en pot, mais en touffes. Cette espèce compte plus d'une centaine de variétés. Toutes constituent d'excellentes plantes d'intérieur. ***Bambusa glaucescens*** est connu dans d'autres pays sous le nom de ***Bambusa multiplex***, ***Bambusa nana*** ou ***Bambusa argentea***. D'autres variétés intéressantes appartiennent à cette espèce, comme Bambusa 'tuldoides', Bambusa 'dissimulator' dont les chaumes sont pleins et qui est utilisés pour des constructions lourdes, ou ***Bambusa textilis***, qui atteint 17 m de haut.

Pays d'origine : l'Asie tropicale

Croissance : bambou cespiteux

Taille : 80 cm à 8 m, placé en bac il ne dépasse pas 3 m.

Signes caractéristiques : plusieurs longues branches à chaque nœud.

Emplacement : lieux très clairs et lieux ensoleillés

Utilisation : pour l'intérieur seulement, en bac, dans les serres, les jardins d'hiver.

Résistance au gel : Dans les régions méditerranéennes, il supporte jusqu'à - 8°, mais sur une courte période.

Espèces et variétés recommandées :

Bambusa glaucescens "Alphonse Karr" : chaumes et branches de l'épaisseur du pouce, jaunes ou rougeâtres, rayés de vert. Feuillage vert clair. 1 à 4 m de haut.

Bambusa glaucescens "Wang tsai" et ***Bambusa glaucescens*** "Golden Goddess" se ressemblent.

Le feuillage de ***Bambusa glaucescens*** "Fernleaf" ressemble à celui d'une fougère -comme son nom l'indique. Il est particulièrement élégant.

Bambusa tuldoides "Ventricosa" est appelé aussi "ventre de Bouddha". Il présente des chaumes verts, ses branches peuvent avoir jusqu'à 13 feuilles. Le renflement de ses nœuds l'a rendu célèbre.

Conseil : en été, placez à l'extérieur toutes les variétés de ***Bambusa glaucescens***. Vous pouvez même les placer à même le sol, sans leur pot. Ils se régénèrent à l'extérieur et puisent des forces pour leur prochain séjour à l'intérieur.

Chimonobambusa marmorea.

Le port légèrement incliné de Chusquea coronalis.

Chimonobambusa

Il existe de nombreuses espèces et variétés dans ce genre originaire du Japon, de Chine et de l'Himalaya. Son plus remarquable représentant est *Chimonobambusa quadrangularis (Tetragonocalamus quadrangularis)* aux chaumes rectangulaires. Mais l'amateur de plantes ornementales s'intéressera uniquement à *Chimonobambusa marmorea*, une espèce à petites feuilles et au feuillage dense. Ce bambou débute sa croissance à l'automne et forme en hiver ses chaumes fins, brillants, brun rouge. Ses gaines sont étonnamment claires. Les feuilles n'apparaissent qu'au printemps suivant.
Pays d'origine : Japon, Chine.
Croissance : bambou faiblement traçant
Taille : 1 à 2 m
Signes caractéristiques : des nœuds particuliers avec 3 à 5 branches
Emplacement : au soleil ou à la mi-ombre
Utilisation : planté à proximité des plans d'eau, en haies minces ou en bacs, en jardinières, dans les cours intérieures.
Résistance au gel : jusqu'à - 18°

Chusquea

N'est pas originaire d'Extrême-Orient, mais de Méditerranée et du continent sud américain, jusqu'au sud du Chili. Les espèces de *Chusquea* y sont répandues jusqu'aux Andes. Son feuillage est petit, mince et élégant.
Pays d'origine : Chili, répandu du Mexique à l'Argentine.
Croissance : bambou cespiteux.
Taille : 2 à 6 m (au sud de l'Angleterre), jusqu'à 2 m en bac.
Signes caractéristiques : La tige est pleine, et présente plus d'une branche par nœud. Les branches sont réparties autour de la tige.
Emplacement : à l'ombre pour *Chusquea coronalis* ; *Chusquea culeou* apprécie le soleil.
Utilisation : une plante en bac, rare et coûteuse, pour jardins d'hiver
Résistance au gel : Supporte jusqu'à -7° dans les régions côtières.
Espèces et variétés recommandées :
Chusquea coronalis : aux chaumes verts et minces, au feuillage fin, gracieux qui présente jusqu'à 50 branches autour de la tige. 2 m de haut environ.
Chusquea culeou : aux chaumes vert foncé, aux gaines persistantes. Feuillage bleu vert et abondant. Jusqu'à 6 m.

Fargesia murielæ est très répandu chez nous.

Le port élégant de Fargesia nitida "Nymphenburg".

Fargesia (Sinarundinaria) Bambous de jardin

Les principales espèces et variétés sont *Fargesia murielæ (Sinarundinaria murielæ),* le classique bambou de jardin, et *Fargesia nitida (Sinarundinaria nitida)* *Fargesia murielæ* a fleuri au Danemark en 1973/74. Des clones (spécimens génétiquement identiques) furent prélevés à partir des graines récoltées et ils sont commercialisés peu à peu. Ils se multiplient bien et sont aisés à trouver. Le port incliné de leurs feuilles est particulièrement élégant.

Pays d'origine : Chine, Himalaya.
Croissance : bambou cespiteux.
Taille : 2 à 3 m.
Signes caractéristiques : de nombreuses branches minces, à partir des nœuds.
Emplacement : lieu clair ou mi-ombragé. *Fargesia murielæ* apprécie également le soleil.
Utilisation : planté en touffe isolée, en haies, dans de grands bacs, des jardinières.
Résistance au gel : jusqu'à -25°
Espèces et variétés recommandées : *Fargesia murielæ* aux chaumes de l'épaisseur d'un pouce, verts, hauts de 3 m. Son feuillage est vert tendre en hiver une partie des feuilles jaunit ; Si vous habitez une région où l'hiver est rude, *Fargesia murielæ* convient. A la différence du séduisant *Phyllostachys*, ce bambou supporte bien les hivers rigoureux. *Fargesia murielæ* n'est pas exigeant en ce qui concerne la qualité du sol, mais il ne supporte pas le moindre excès d'humidité. Il est donc recommandé de le planter surélevé, en façonnant une petite butte avec la terre. *Fargesia nitida* a des chaumes vert sombre, poudrés de blanc, avec les pointes des feuilles brun rouge. Il ne dépasse pas 3 m. Feuillage fin, gracieux, vert sombre.
Conseil : les variétés de *Fargesia (Sinarundinaria)* doivent être arrosées même en hiver, comme toutes les plantes qui restent vertes. Des feuilles enroulées sont le signe d'un manque d'eau. Les plantes enroulent leurs feuilles lorsqu'il y a sécheresse afin de réduire leur surface. Les feuilles se déroulent dès qu'elles sont arrosées. En cas de fortes gelées, les bambous enroulent leurs feuilles.

x Hibanobambusa tranquillans *"Shiroshima"* - *rare.*

Otatea *s'épanouit uniquement en jardin d'hiver.*

x Hibanobambusa

Le nom botanique de ce bambou est *x Hibanobambusa tranquillans*. Le x indique qu'il s'agit d'un croisement entre deux espèces, généralement entre un *Sasa* et un *Phyllostachys*. Cette espèce atteint 2 à 3 m de haut, a des feuilles vertes, de 20 à 30 cm de long et de 4 cm de large. La variété "Shiroshima" a un feuillage veiné.

Pays d'origine : Japon. La bambouseraie de Fuji l'a exporté vers celle de Prafrance.

Croissance : bambou traçant, forme des rhizomes abondants.

Taille : de 1,5 m à 1,8 m.

Signes caractéristiques : très longs cils à l'extrémité de la gaine.

Emplacement : lieux bien éclairés.

Utilisation : plante en bac, en jardinière, haies, couvre-sol.

Résistance au gel : résiste jusqu'à -15°

Espèces et variétés recommandées : *x Hibanobambusa tranquillans* "Shiroshima" aux chaumes minces, parfois veinés. Haut de 1,5 à 1,8 m. Feuillage vert marginé de blanc ou de couleur crème.

Otatea
Bambou pleureur

Il est originaire des vallées, des fleuves et des versants humides des montagnes mexicaines. Les Américains appellent ce bambou qui orne de nombreux jardins du sud de la Californie "Mexican weeping bamboo" (Bambou pleureur mexicain).

Son feuillage très fin, vert clair, a un port incliné chez les spécimens de grande taille. Les chaumes sont vert clair, les branches sont minces et souples. L'espèce la plus connue est *Otatea acuminata,* particulièrement la variété ssp. *aztecorum*.

Pays d'origine : Mexique

Croissance : bambou cespiteux.

Taille : jusqu'à 8 m de haut dans son milieu naturel. Chez nous, en bac ou en jardinière, il atteint 3 m dans les meilleurs cas.

Signes caractéristiques : les jeunes chaumes présentent des duvets bruns.

Emplacement : lieux très clairs et chauds.

Utilisation : plante en bac ou dans les jardins d'hiver.

Résistance au gel : ne résiste pas à l'hiver. Maintenez une température supérieure à 5° en permanence.

Silhouette gracile dans une cour intérieure aux lignes strictes - Phyllostachys aurea.

Phyllostachys

Le plus populaire des bambous, dont il existe environ 60 espèces et plusieurs variétés.
Le chaume retient l'attention ; chez de nombreuses espèces il est non seulement élégamment coloré, veiné ou tacheté, mais il présente aussi une rainure longitudinale (*Sulcus*). Chez certaines espèces, les nœuds sont renflés ou disposés en oblique. *Phyllostachys* perd rapidement ses gaines. En général, chaque nœud porte deux branches. Les feuilles sont vert clair, parfois veinées. Ces bambous sont réputés pour leur vitalité et leur capacité à se régénérer.
Pays d'origine : Birmanie, Chine, Indes orientales, Japon.
Croissance : bambou traçant.
Taille : variable selon l'espèce, la variété et l'emplacement.
Signes caractéristiques : variables selon l'espèce et la variété.
Emplacement : dans un lieu clair toute l'année et dans un lieu ensoleillé l'été. En hiver, protégez-le du soleil et du vent.
Utilisation : haies, bosquets, bac, jardinière, en touffe isolée.
Résistance au gel : de -18° à -23°.

Espèces et variétés recommandées :
Phyllostachys aurea aux chaumes verts. 2,5 à 4 m de haut. Caractéristiques : épaississement des nœuds. Feuillage vert tendre.
Phyllostachys aurea "Holochrysa" ; chaumes jaunes colorés de rouge.
Phyllostachys aureosulcata ; chaumes verts dotés d'une rainure jaune. 3 à 5 m de haut. Feuillage vert tendre, de taille réduite, d'allure aérienne.
Phyllostachys aureosulcata "Spectabilis" : espèce élégante avec des chaumes jaune pâle dotés d'une rainure verte (photo de couverture).
Phyllostachys bambusoides : chaumes vert sombre et brillants, gaines vertes mouchetées de brun. 5 à 10 m de haut. Feuillage important. La variété "Violascens" est très séduisante.
Phyllostachys bissetii a des chaumes verts, qui poussent légèrement inclinés. 3 m de haut. Bambou traçant.
Phyllostachys flexuosa développe des chaumes verts qui se tachent ensuite de jaune et de noir. 2 à 5 m. Feuillage vert.
Phyllostachys humilis : chaumes brun-vert. 2 à 3 m de haut. Gaine veinée de rose, recouverte de duvet argenté. Feuillage vert tendre.

Phyllostachys nidularia : chaumes verts dotés de nœuds proéminents. 3 à 4 m de haut. Feuillage important, vert tendre.
Phyllostachys nigra : ses chaumes sont d'abord verts, puis mouchetés de brun ; ils deviennent ensuite bruns, puis noir brillant et leur port s'incline. 2 à 4 m de haut. Feuilles vertes, petites et délicates. Donne peu de rhizomes et convient donc en bac et en jardinière. Variétés : "Boryana" et "Henonis".
Phyllostachys pubescens (Phyllostachys edulis) a des chaumes gris vert, recouverts de duvet velouté. Il atteint 20 m de haut dans le sud de la France. Ne résiste pas au froid sous les latitudes septentrionales. Feuillage réduit, abondant lorsque la plante est jeune. Il donne des pousses comestibles délicieuses.
Phyllostachys viridiglaucescens : chaumes vert clair, légèrement inclinés. 6 à 10 m de haut. Feuillage vert, dessous des feuilles velouté.
Conseil : il est recommandé de protéger tous les *Phyllostachys*. Placez un grillage de 30 cm de haut en cercle autour de la plante et fixez-le par quatre tiges de bambou. Remplissez la "corbeille" ainsi formée avec des feuilles sèches ou de la paille. N'oubliez pas d'arroser lors des sèches journées ensoleillées d'hiver.

Phyllostachys bambusoides *se caractérise par ses larges feuilles.*

Phyllostachys pubescens *présente des oreillettes aux longs cils.*

Idéal en sous-bois : Pleioblastus variegatus.

Pleioblastus pumilis - *appelé aussi* Sasa pumila.

Pleioblastus

Cette espèce comprend une vingtaine de variétés, très différentes mais elles forment toutes plusieurs branches par nœud au fil des années et donnent de longs rhizomes lorsqu'elles sont plantées dans des sols humides et riches. Les gaines sont épaisses et persistent. Les feuilles sont de tailles et de longueurs différentes. L'espèce la plus connue est *Pleioblastus fortunei* "Variegatus", dont la plus belle variété, veinée de blanc, fut introduite en Belgique en 1863. Le spécialiste américain des bambous, David Farrelly, estime que cette plante est idéale pour les jardins de rocailles. Elle est aussi parfaitement adaptée à la culture en bac.

Pays d'origine : Chine, Japon.

Croissance : bambou traçant.

Taille : de 40 cm à 4 m.

Signes caractéristiques : variables selon l'espèce ou la variété.

Emplacement : soleil ou ombre, selon l'espèce et la variété.

Utilisation : sous-bois, haies, couvre-sol, pot, bac, jardinière.

Résistance au gel : jusqu'à -23°.

Espèces et variétés recommandées :

Pleioblastus argenteo striatus ; chaumes verts. Jusqu'à 60 cm de haut. Feuillage bleu vert, 15 cm de long, 2 cm de large, veiné de blanc.

Pleioblastus auricoma ; chaumes verts. 60 cm de haut. Feuilles larges, recouvertes de velours des deux côtés, veinées de jaune et de vert. Les raies claires deviennent vertes en été.

Pleioblastus chino ; chaumes variant du vert au vert rougeâtre. 2 m de haut. Feuillage vert. Important : *Pleioblastus chino* et sa forme *f. humilis* sont souvent proposés sous le nom de *Pleioblastus pygmæus* (*Sasa pygmæa*, page 41) mais sa taille est plus haute et atteint 60 cm.

Pleioblastus chino var. *gracilis* "Variegatus" n'atteint que 30 cm.

Pleioblastus variegatus (Pleioblastus fortunei) : chaumes verts, 20 à 30 cm de haut. Feuillage étendu, veiné de vert et de blanc.

Pleioblastus pumilis (Sasa pumila) : chaumes verts qui présentent une couronne de duvets à hauteur des nœuds. 60 cm de haut. Feuillage vert.

Pleioblastus simonii ; chaumes verts, droits. 1,5 à 3 m de haut. Feuillage vert clair, 25 cm de long et de large. Faiblement traçant.

Conseil : taillez-le près du sol à l'aide d'un ciseau à haies, au début du printemps (en mars).

Pseudosasa japonica *vient bien à l'ombre.*

Veiné de blanc - Sasælla masamuneana.

Pseudosasa

Pousse en buisson et comprend une dizaine d'espèces et de variétés connues. Ses feuilles sont épaisses et d'un beau vert, les branches sont alternées. Les bourgeons ne forment jamais plus de trois branches. Les gaines de couleur paille persistent plusieurs mois.
Pays d'origine : Asie.
Croissance : bambou faiblement traçant.
Taille : 2 à 3 m.
Signes caractéristiques : Les gaines persistent.
Emplacement : mi-ombre à ombre.
Utilisation : haies, en touffes isolées, en bac ou en jardinière.
Résistance au gel : jusqu'à - 22°.
Espèces et variétés recommandées : *Pseudosasa japonica (Arundinaria japonica) :* chaumes verts. Jusqu'à 3 m de haut. Feuillage de 30 cm de long sur 3 cm de large, épais, de couleur verte. Les Japonais appellent ce bambou "metake". Ses chaumes sont utilisés pour la fabrication de flèches, à cause de leur croissance rectiligne. En 1850, cette espèce arriva en Europe et fut cultivée initialement en France. *Pseudosasa* a fleuri le siècle dernier. La floraison se prolonge sur un délai assez long et provoque la mort de la plante.

Sasælla

Ce bambou vient d'Asie, où il en existe 12 espèces. Il présente des similitudes avec les représentants du genre *Sasa*. Les branches sont solitaires, parfois on en découvre plusieurs sur chaque nœud. Il pousse plus vite que Sasa et forme parfois des rhizomes qui sortent de terre.
Pays d'origine : Japon
Croissance : bambou traçant.
Taille : jusqu'à 60 cm
Signes caractéristiques : des chaumes rougeâtres.
Emplacement : clair, ensoleillé ou mi-ombre.
Utilisation : couvre-sol, haies basses
Résistance au gel : jusqu'à -20°, mais il est plus prudent de le protéger.
Espèces et variétés recommandées : *Sasælla masamuneana* "Albostriata" *(Sasælla glabra)* aux chaumes verts dans un premier temps, puis rouges. 60 cm de haut. Feuillage brillant jaune-vert marginé de blanc.
Conseil : Rabattez la plante au niveau d'une largeur de main au-dessus du sol, au début du printemps. La couleur de la repousse est alors particulièrement soutenue.

Sasa palmata est aussi élégant et décoratif qu'un palmier.

Sasa
Bambou nain, bambou de forêt

On distingue un grand nombre d'espèces : 400 d'après le "*Fudji Bamboo Garden*". Au Japon, on rencontre les *Sasa* dans les forêts jusque dans le nord du pays et sur les îles Kouriles. Le nom botanique est d'origine japonaise. "Sa" signifie mince, *"Sasa"* veut dire "très mince" et se réfère au chaume. Tous les *Sasa* connus conservent une petite taille. Une seule branche se développe à partir du nœud épaissi. Dans cette espèce on trouve le plus petit de tous les bambous, *Sasa pygmea (Pleioblastus pygmæus)* qui recouvre au Japon de vastes portions de sols forestiers d'un épais tapis vert tendre. De plus, il existe une variété dont les feuilles au soleil ressemblent à celles des fougères et dont les limbes se déplient davantage dans les lieux ombragés. Ce bambou, *Sasa disticha (Pleioblastus distichus)* est appelé également bambou fougère. "Disticha" indique que les feuilles sont disposées sur deux rangs. Tous les *Sasa* se caractérisent par leur croissance souterraine. Leur rhizome forme un maillage qui résiste même aux tremblements de terre. Au Japon, ces réseaux de rhizomes contribuent efficacement à protéger le sol contre l'érosion. Les jeunes pousses sont

Sasa veitchi pousse dans les forêts de Kyoto.

Les feuilles droites de Sasa disticha.

comestibles. Dans la région de Hokkaïdo, la récolte de *Sasa kurilens* joue un grand rôle. Les Sasa représentent un sixième de l'ensemble de la surface forestière.

Pays d'origine : Japon, Chine.

Croissance : bambou fortement traçant.

Taille : 10 cm à 2 m.

Signes caractéristiques : gaines persistantes, nœuds épais.

Emplacement : soleil ou ombre selon la variété.

Utilisation : couvre-sol, haies, en solitaire, consolidation d'un talus.

Résistance au gel jusqu'à -20°, dans les régions côtières jusqu'à -30°.

Espèces et variétés recommandées :

Sasa disticha (Pleioblastus distichus), bambou fougère, 20 cm de haut. Feuillage vert sombre, au port droit, qui évoque celui de la fougère.Excellent pour les bordures et les haies.

Sasa kurilens : chaumes verts, mouchetés de blanc. 2 m de haut. Feuillage vert brillant.

Sasa palmata : chaumes verts, mouchetés de blanc, de brun chez le *Sasa palmata f. nebulosa*. 2 m de haut. Extrémité des gaines de couleur ocre. Feuillage particulièrement grand, d'un vert profond et brillant. Les feuilles sont longues de 20 à 25 cm et larges de 5 à 7 cm. Nervures de la feuille prononcées dans le sens de la longueur et bien visibles à contre-jour.

Conseil : *Sasa palmata* supporte les lieux humides et peut donc être planté à proximité des pièces d'eau.

Sasa pygmea (Pleioblastus pygmæus) ; chaumes verts, 10 cm de haut. Feuillage vert et réduit. Peut remplacer le gazon.

Sasa tesselata ; chaumes verts, 1 m de haut. Feuillage vert, abondant et étendu. Feuilles longues de 35 à 45 cm et larges de 7 à 9 cm. Très résistant au gel. C'est l'espèce qui possède les plus grandes feuilles.

Sasa tsuboiana : chaumes verts. Jusqu'à 1 m de haut. Feuillage vert, d'une taille équivalente à celle du *Sasa tesselata*.

Sasa veitchi : chaumes verts. Jusqu'à 40 cm de haut. Feuillage enroulé lors de la pousse et de couleur bleu-vert. Port ramassé. Particulièrement beau durant les mois d'hiver, lorsque la chlorophylle disparaît des bords de la feuille qui prennent alors une couleur blanche.

Conseil : un rabattage effectué au début de la période de végétation, au printemps, aide à une bonne reprise et à la croissance.

Semiarundinaria fastuosa a un port droit et érigé.

Shibatæa kumasaca est très différent des autres.

Semiarundinaria
Bambou colonne

Un port compact ramassé et des feuilles assez grandes caractérisent ce genre qui comprend environ 10 espèces. Jusqu'à présent une seule a connu du succès, *Semiarundinaria fastuosa*. Cette plante solide, originaire du Japon, est arrivée chez nous un siècle avant Jésus-Christ. Elle se distingue par son port droit et par son feuillage dense. On observe souvent 3 à 5 branches sur chaque nœud. Les chaumes sont tout d'abord verts, épais, de 3 à 4 cm, puis ils se colorent en brun rouge en vieillissant. Certains scientifiques estiment que *Semiarundinaria* est un croisement de *Pleioblastus* et de *Phyllostachys*.

Pays d'origine : Asie orientale.

Croissance : bambou faiblement traçant.

Taille : 3 à 5 m.

Signes caractéristiques : gaines ocre jaune lumineux. Desséchées, elles persistent longtemps sur les feuilles.

Emplacement : clair, chaud, protégé.

Utilisation : haies hautes, bambou idéal pour les cours intérieures.

Résistance au gel : -15° à -18°

Shibatæa
Bambou “Ruscus”

Ses feuilles rappellent celles de *Ruscus aculeatus*, une liliacée des pays méditerranéens. Elles sont vert olive, courtes et larges. On en connaît 5 espèces. Mais seul *Shibatæa kumasaca* est répandu. Ses chaumes sont verts, les branches courtes portent des feuilles verticillées, le port est ramassé. On la nomme ainsi en l'honneur du botaniste japonais mondialement reconnu Shibata. Ses chaumes poussent curieusement en zig-zag et sortent du rhizome avec une abondance de pousses, phénomène rare chez les bambous.

Pays d'origine : Chine, Japon.

Croissance : bambou moyennement traçant.

Taille : 50 cm.

Signes caractéristiques : Les feuilles ont une allure inhabituelle chez les bambous.

Emplacement : clair, pas de soleil. Tolère l'ombre.

Utilisation : zones ombragées, couvre-sol, en pot, en bac ou en jardinière.

Résistance au gel : jusqu'à -23°.

Conseil : rabattez-les au printemps et protégez-les en permanence de la sécheresse.

Thamnocalamus

Cette espèce présente de fortes similitudes avec celles des genres *Fargesia et Arundinaria*. Quelques specimens poussent en sous-bois dans les forêts de conifères des Indes et du Népal. La plupart des espèces se développent bien, même à des altitudes situées entre 2 500 et 3 500 m. En Europe, on rencontre *Thamnocalamus spathiflorus* dans les régions au climat très doux du sud de l'Angleterre. Chez nous, *Thamnocalamus* n'est pas encore très connu et il est encore difficile à trouver.

Pays d'origine : Chine, Japon.

Croissance : bambou cespiteux.

Taille : 2 à 8 m.

Signes caractéristiques : selon la variété.

Emplacement : clair, au soleil, mi-ombre selon la variété.

Utilisation : en bac, jardinière, jardin d'hiver.

Résistance au gel : jusqu'à -20°.

Espèces et variétés recommandées :
Thamnocalamus spathiflorus : chaumes vert éclatant, puis rouges au soleil. Feuillage vert, léger. Ne supporte pas les hivers rigoureux.
Thamnocalamus tesselatus (Arundinaria tesselata) ; chaumes verts, qui deviennent rouge vif au soleil. 2 à 4 m de haut. Feuillage bleu vert. Résiste à l'hiver.

Thamnocalamus microphyllus *peut passer l'été à l'extérieur.*

Adresses et bibliographie

Points de vente

Bambouseraie de Prafrance Générargues, 30140 Anduze

Rémy Samson
25, rue de chateaubriant
92290 Châtenay-Malabry

Société d'amateurs

France

European bamboo society, Yves Crouzet, Bambouseraie de Prafrance, 30140 Anduze

Étranger

American bamboo Society, 1101 San Leon Street, Solana Beach, Californie 92075 États-Unis

Société Vatter CH-3098 Köniz, Berne, Suisse

Société l'École de l'arbre Starkl, 3430 Tulln, Autriche

Centre du bambou italien, Via Casali 26, 1640 Craco/Gênes, Italie

Centre du Bambou, Wolfgang Eberts, Saarstrasse 3, D-7570 Baden-Baden, Allemagne

American bamboo society, P. O. Box 640, Springville, Californie 93265, États-Unis

Collections

France

Bambouseraie de Prafrance Générargues 30140 Anduze

Jardin de bambous, Parc de la Villette, Métro Porte de la Villette, 75019 Paris

Jardins de Valloires, 80120 Argoules (26 espèces présentées.)

Étranger

Marianne Rudolf, Heuberger-Torweg 22, 7400 Tübingen, Allemagne

Michael Hirsh, 14, east Lane GB, Morton Bourne, South Lincolnshire, PE 100 NW, Angleterre

Bruno Visentini, Corso Racconigi 173, 10141, Turin, Italie

Roland Zahno, Chemin de la Redoute, 1752 Villars-sur-Glâne, Suisse

Livres

France

Des bambous pour tous les jardins, Michel Crouzet et Michel Jeury, Éditions Rustica

Étranger

Bamboo, R. Austin et K. Vesda, Éditions Weatherhill, New York, États-Unis

Die Gärten chinas, M. Beuchert, Éditions Eugen Diederichs, Munich, Allemagne

The book of bamboo, D. Farelly, Sierra club Books, San Francisco, États-Unis

Bamboos-Biology, silvics properties, utilisation, Dr. W. Liese, Éditions TZ, Rossdorf

Bambus, Ch. Rech et M. F Wetterwald, Éditions Eugen Ulmer, Stuttgart, Allemagne

Die wunderbare welt des bambus, S. Takama, Éditions Du Mont, Cologne, Allemagne

100 Paths to beauty, S. Takama, Éditions Graphic Ska, Tokyo, Japon

Revues

Mon jardin ma maison, 20, rue de Billancourt, B.P. 406, 92103, Boulogne-Billancourt cedex

L'ami des jardins, 19 rue d'Orléans, 92523 Neuily-sur-Seine cedex

Jardins de France, 55, avenue de Suffren, 75007 Paris

Petits Pratiques Hachette

cuisine

69 titres

50 recettes "pleine forme" et tous styles, photographiées et expliquées point par point. Des conseils, des variantes et le nombre de calories, lipides, glucides et protides donnés pour chaque recette. Chaque volume : 64 p., 165 x 200 mm, 70 photos couleur, couverture brochée.
34 F.

animaux

29 titres

Bien comprendre et bien soigner son animal préféré. Chaque volume : 64 p., 165 x 200 mm, 80 photos couleur et illustrations, couverture brochée.
34 F.
La série sur les races de chiens et de chats est dirigée par le docteur Pierre Rousselet-Blanc.

jardinage

25 titres

Un choix varié de titres constituant une encyclopédie illustrée du jardin. Nombreuses photos et illustrations.Chaque volume : 64 p., 165 x 200 mm, 90 photos couleur,couverture brochée.
34 F.
Directeur de collection : Patrick Mioulane.

décoration

8 titres

Des idées hautes en couleurs pour embellir son cadre de vie.
Chaque volume : 64 p., 165 x 200 mm,
70 photos couleur,
couverture brochée.
34 F.

beauté

4 titres

Pour être belle et bien dans sa peau en toutes occasions.
Chaque volume : 64 p., 165 x 200 mm,
70 photos couleur,
couverture brochée.
34 F.

HACHETTE
Pratique

INDEX

Les chiffres en gras renvoient aux illustrations. C = photos de couverture.

Achat 16
Acidité du sol 18
Adductions d'eau **17**
Aire de répartiton 4
Amender le sol 18
Anthère 7
Araignées rouges 23
Arroser 19, 27
Arundinaria **7**, 31
- *atropurpurea* 31, **31**
- *gigantea* 4
- *gigantea* ssp *tecta* 31
- *japonica* 39

Bac, jardinière 15, 22, 27
Balcon, bambous sur le balcon 27, 28, 29
Bambou
- à entre-nœuds contournés **11**
- à l'extérieur 24
- à l'intérieur 27
- bambous traçants 6, **6**
- cespiteux 6, **6**
- chaume 6, 7, **7**
- colonne 42
- d'intérieur 26
- dans le jardin 24
- de forêt 40
- en bac, en jardinière **15**, 27
- en hydroculture 27
- en jardin d'hiver 26, 27
- en pot 22
- fougère 40, 41
- nain 40
- pleureur mexicain 35
- pousses 14
- Ruscus 42
- sur la terrasse 27
- sur le balcon 27, 28, 29
- taillés et formés 27
- traité en bonsaï 27
- de jardin 34
Bambusa 23, 31, 32
- *argentea* 32
- "dissimulator" 32
- *glaucescens* "Alphonse Karr" 27, 32, **32**
- *glaucescens* "Fernleaf" 32
- *glaucescens* "Golden Goddess" 27, 32
- *glaucescens* "Wang Tsai" 27, 32, **32**
- *glaucescens* 6, 27, 32
- *multiplex* 32
- *nana* 32
- *textilis* 32
- *tuldoides* "Ventricosa" 32
- *tuldoides* 32
- *ventricosa* 10, **10**, 27
- *vulgaris* "Striata" 6, 26, 27, 31, **31**
- *vulgaris* "Wamin" 10, **10**, 27
- *vulgaris* 14
Bambusoidea 4
Barrage à rhizomes 20, **20**
Besoins en éléments nutritifs 19
Bonsaï, bambou traité en bonsaï 27
Bourgeon **7**
Branches **7**, 8

Chaume, tige 6, 7, **7**, 8
Chaumes 3, 7, 10
Chimonobambusa 10, 33
- *marmorea* "Variegata" 27
- *marmorea* 27, 33, **33**
- *quadrangularis* 27, 33
Chlorophylle 9
Chusquea 33
- espèces 6, 8
- *coronalis* 27, 33, **33**
- *culeou* 4, 33
- *quila* **9**
- *ramossima* 27
Cicatrice 7
Cils 7
Classification 8
Climat 18
Couche drainante 22
Croissance 8
- particularités 16
- record 16
- rythme 8
- taille de la plante 8

Décorer 24
Dégâts causés au feuillage 23
Dégâts causés aux chaumes 23
Dépotage 22, 23
Dommages causés aux rhizomes 23
Drainage 18, 22
Drepanostachyum hookerianum 27

Eau 18, 20, 22
Ecartement entre les plantes 24
Eclaircir 23
Emplacement 16, 18
Engrais 19, 23
Entre-nœud 6, **7**

Fargesia 7, 8, 16, 34
- *murielæ* 6, 27, 34, **34**, C3
- *nitida* 6, 27, 34
Feuilles 7, **7**, 8, 9, **9**
Filament 7
Fleurs 7, **7**, 8
Floraison 8

Gaine 7
Gaine bi-colore 10
Gaine claire 11
Graines 7, 23
Graines, multiplication 23
Gramineæ 4
Guadua 23

Histoire 12
Humidité de l'air 18
Hydroculture 27

Importance économique et écologique des bambous 14
Insecticide 23

Jardins de rocailles 38

Languette de la gaine 7
Limbe 27

Maladies 23
Manque d'eau 19
Melocanna baccifera 8
"Metake" 39
Multiplication 21, 23
Multiplication par division des touffes 21, **21**
Multiplication par méristème 23
Multiplication par segments de chaume 23
Multiplication par tronçons de chaume 23

Nom 4
Nœud 6, **7**

Oreillettes 7
Origine 4
Otatea 35, **35**
- *acuminata* 35
- *acuminata ssp. aztecorum* 35
- *aztecorum* 27
Ovaire 7

Pachymorphe 6
Paillis, paillage 19, 23
Parasites 23
Pays d'origine 4
Ph acide 18

Photosynthèse 8, 23
Phyllostachys 6, **7**, 8, 21, 23, 34, 36, 37
- *aurea* "Albovariegata" **15**, C4
- *aurea* "Holochrysa" 36
- *aurea* **10**, 27, 36, **36**
- *aureosulcata* "Spectabilis" C1, 30, 36
- *aureosulcata* 24, 27, 36
- bambusoides "Castilloni" 10, **11**
- bambusoides "Violascens" 27, 36
- bambusoides 36, **37**
- *bissetii* 24, 27, 36
- *edulis* 14, 37
- *flexuosa* 24, 36
- *heterocycla f. heterocycla* "Kikko" 10
- *heterocycla* var. *pubescens* **30**
- *humilis* 24, 27, 36
- *nidularia* 36
- *nigra* "Boryana" 10, **11**, 24, 37
- *nigra* "Heronis" 24 37
- *nigra* **11**, 27, 37,C4
- *pubescens* 2, 8, 37, **37**
- *viridiglaucescens* **19**, 27, **28, 29**, 37, 47
Planter 20, **20**
Plantes 20, **20**
Plaquettes insecticides 23
Pleioblastus 6, 38
- *argenteostriatus* 38
- *auricoma* **9**, 38
- *chino* 38
- *chino* var. *gracilis* 27
- *distichus* **9**, 40, 41
- *fortunei* "Variegatus" 38
- *pumilis* 23, 27, 38, 38
- *pygmæus* 38, 40, 41
- *simonii* 38
- *variegatus* **9**, 38, **38**
Pogonatherum paniceum 26
Pousse 7, **7**, **10**
Pouvoir de germination 23
Propriétés thérapeutiques des bambous 12
Protection en hiver 18, 23, 27, 37
Pseudosasa 39
Pseudosasa japonica 8, 27, 39, **39**
Pucerons 23

Quinzhuea tumidinoda **28, 29**

Racines 6, 18
Ramuscule **7**
Recettes de cuisine 14
Récipients 22, 27
Résistance au gel 16
Rétention d'humidité 18
Rhizomes 6

Saison favorable pour planter un bambou 18
Sasa 6, **7**, 40, 41
- *disticha* 40, 41, **41**
- *kurilensis* 41
- *masamuneana* "Albostriata" **9**
- *palmata* **9, 40**, 41
- *palmata f. nebulosa* 41
- *pumila* 38, **38**
- *pygmæa* 9, 23, 40, 41
- *tesselata* 41
- *tsuboiana* 41
- *veitchi* C2, **9**, 23, 41, **41**
Sasælla 39
- *atopurpurea* 31
- *glabra* 39
- *masamuneana* "Albostriata" 39
- *masamuneana* **39**
Schizostacyum **5**
Semiarundinaria 6, 8, 42
- *fastuosa* 42, **42**
Semis 8
Shibatea **42**
-*kumasaca* 42, **42**
Shisi-Odoshi **17**, 24
Sinarunidinaria 16, 34
- *murielæ* 6, 34, C3
- *nitida* 6, 34
Sinibambusa tootsik "Variegata" 27
Société Européenne du Bambou 15
Soins 18, 19
Sol 18
Sulcus 6, 36

Taille à ras 23
Taille de maintien 23
Température 18
Terrase 27
Terre franche 22
Tetragonocalamus quadrangularis 33
Thamnocalamus 43
- *microphyllus* 27, 43, **43**
- *spathiflorus* 43
- *tesselatus* 43
Touffe regroupée 24
Touffe solitaire 24
Transport 16, 17
Trou à creuser 20

x *Hibanobambusa* 35
- *tranquillans* "Shiroshima" 9, 35, **35**
- *tranquillans* 35

Remarque importante

Cet ouvrage présente les soins à apporter aux bambous d'intérieur et de jardin. Les pousses de bambou peuvent irriter vos yeux, quand vous vous baissez et n'y prenez pas garde. Il y a des risques de blessure lorsque les pousses viennent d'être coupées.
Les recherches scientifiques les plus récentes n'ont pas décelé de substances toxiques dans les espèces de bambous qui ont été répertoriées jusqu'ici.Sous nos climats, les seules pousses comestibles sont celles du *Phyllostachys viridiglaucesens*, à condition qu'il ait béneficié d'un ensoleillement suffisant. Les pousses de nombreuses autres espèces contiennent des substances qui leur confèrent un goût amer désagréable. Pour vos recettes, utilisez des pousses en boîte. Si vous achetez des pousses importées, faites-les bouillir !
Ne consommez en aucun cas les feuilles et les chaumes, et tenez-les hors de portée des enfants et des animaux domestiques. Les feuilles de certaines espèces sont munies de duvets qui, en cas d'ingestion, peuvent provoquer de graves lésions d'estomac.

Crédits photographiques :
Eberts : 2, 10 en haut gauche et droite, en bas gauche et droite, 11, 12, 15, 24, 33 gauche, 36, 37 bas, 38 droite, 42 droite, 43 ; Griehl : troisième de couverture ; Mein Schöner Garten : Fischer 16, Gross 26, Mörk 10 milieu gauche, Stork : 17 ; Reinhard : 5 ; Stork : première et deuxième de couverture, 2, 3 haut, 9, 13, 19, 25, 28/29, 31, 32, 38 gauche, 39, 41 gauche ; Strauss : 40 ; Welsch : troisième de couverture ; Wetterwald 4, 22, 33 droite, 34, 35, 37 haut, 42 gauche.

L'édition originale de cet ouvrage a été publiée sous le titre *Bambus in haus und Garden : so gedeiht er am bestem* par Gräfe und Unzer GmbH, München.

Traduction : Florence Sénès,
Secrétariat d'édition, composition et maquette : Société Les Cours, Caen.
Dépôt légal : 1791.05.97
N° d'édition : 21607
ISBN : 2.01.018090.9
Impression : Canale, Turin, Italie.